C. Kavitha
Saraswathi Umavathi

Usos medicinais da Acalypha Indica e sua aplicação no campo das nanotecnologias

C. Kavitha
Saraswathi Umavathi

Usos medicinais da Acalypha Indica e sua aplicação no campo das nanotecnologias

ScienciaScripts

Imprint

Cover image: www.ingimage.com

This book is a translation from the original published under ISBN 978-620-2-31753-5.

Publisher:
Sciencia Scripts
is a trademark of
Dodo Books Indian Ocean Ltd. and OmniScriptum S.R.L publishing group

120 High Road, East Finchley, London, N2 9ED, United Kingdom
Str. Armeneasca 28/1, office 1, Chisinau MD-2012, Republic of Moldova, Europe
Printed at: see last page
ISBN: 978-620-8-01794-1

CONTEÚDO

CAPÍTULO 1

Introdução

A Índia possui uma flora rica e amplamente distribuída de plantas medicinais importantes em todo o país. Os medicamentos derivados de plantas fazem parte dos cuidados de saúde humanos há milhares de anos. Muitas das plantas utilizadas atualmente eram conhecidas dos povos das culturas antigas de todo o mundo e eram extremamente apreciadas pelos seus poderes conservantes e medicinais. A tradição das plantas medicinais para curar doenças humanas tem uma longa história com a Ayurveda. Na medicina ayurvédica, uma determinada planta, ou uma combinação de plantas, é utilizada para tratar muitas doenças que, por falta de conhecimentos suficientes sobre o alvo específico responsável pela doença, foram resolvidas pela ação de plantas medicinais. A utilização de plantas no sistema medicinal tradicional é considerada como uma interação do ser humano com a natureza, uma vez que estas vivem na natureza há milhões de anos. Têm sido a base do tratamento para curar várias doenças e condições fisiológicas em métodos tradicionais praticados na Índia, como Ayurveda, Unani e Siddha. Os componentes medicinais das plantas desempenham um papel significativo tanto na medicina conservadora como na medicina ocidental. Nos últimos dias, os cientistas estão a explorar os vestígios dos factores causais das doenças e também o modo de ação na medicina ayurvédica. Por conseguinte, as plantas medicinais têm desempenhado um papel muito importante na investigação da ciência farmacêutica. É a forma mais antiga de cuidados de saúde conhecida pela humanidade e não será exagero dizer que a utilização de medicamentos à base de plantas para a saúde humana é provavelmente tão antiga como a humanidade. Tem sido a base da terapia de tratamento de diferentes doenças em métodos habituais praticados como a Homeopatia e a Ayurveda, etc. As florestas indianas são a principal e mais económica fonte de produtos vegetais medicinais. Desde séculos até à data, estas plantas medicinais têm sido amplamente utilizadas na Ayurveda. Ultimamente, muitas dessas plantas têm vindo a ganhar importância devido aos seus componentes únicos e à sua aplicabilidade flexível em diferentes domínios de investigação e desenvolvimento. Os medicamentos derivados de plantas têm feito parte da evolução dos cuidados de saúde humanos desde há milhares de anos. Com o interesse mundial emergente em aceitar e estudar sistemas estabelecidos e explorar o seu potencial com base em sistemas especiais de cuidados de saúde, é necessária a avaliação do rico património da medicina tradicional.

A maioria dos habitantes das zonas rurais continua a depender das plantas medicinais para prevenir ou eliminar doenças. As plantas medicinais são plantas que contêm ingredientes activos intrínsecos utilizados para curar doenças. A utilização de medicamentos tradicionais e plantas medicinais é maioritariamente utilizada nos países em desenvolvimento para manter uma boa saúde (UNESCO, 1996). Produzem compostos bioactivos utilizados principalmente para fins medicinais.

Atualmente, cerca de 88% das populações mundiais recorrem a medicamentos derivados de plantas como primeira linha de resistência para manter a saúde e combater as doenças. Cento e dezanove metabolitos secundários de plantas derivados de plantas são utilizados globalmente como medicamentos; 15% de todas as angiospérmicas foram investigadas quimicamente e 74% dos componentes farmacologicamente activos derivados de plantas foram descobertos na Índia, que é representada por uma rica cultura, tradição e biodiversidade natural e oferece uma oportunidade única para a investigação sobre a descoberta de medicamentos. As ervas medicinais estão a tornar-se cada vez mais populares nos dias de hoje, com um maior número da população a procurar remédios alternativos que sejam desprovidos de efeitos secundários e problemas de saúde. De facto, na Índia, existem mais de 6000 plantas que foram reconhecidas pelos seus valores medicinais e terapêuticos. Uma dessas plantas, amplamente utilizada na medicina tradicional ayurvédica, é a *Acalypha indica*. Para além da Índia, é também muito utilizada em muitos outros países como a Índia, o Sri Lanka, o Paquistão, o Iémen, a África do Sul e também nas regiões tropicais de África. É constituída por cerca de 460 espécies, especialmente nas regiões temperadas quentes. Esta planta medicinal é muito enriquecida com diferentes fitoquímicos, que têm valores medicinais importantes para doenças humanas e de outros animais. Esta planta tem atividade antifúngica e antibacteriana. Urtiga da Índia, folha de cobre da Índia ou mercúrio de três sementes. É vulgarmente conhecida como Kuppikhokli, Kuppameni, Poonamayakki, Ricinelle des Indes, oreille de chatte, herbe chatte (francês) Re dai tie xian cai (chinês) Maraotong Haritamanjari (sânscrito), (Filipinas), etc., ocupa um lugar altamente valorizado na medicina tradicional Siddha praticada em muitas partes da Índia. As folhas, as raízes e os rebentos jovens da *Acalypha indica* têm, alegadamente, um poderoso valor medicinal.

Hábito

Acalypha indicalinn

Reino Unido: Plantae
Classe : Magnoliopsida
Encomenda : Euphorviales
Família : Euphorbiaceae
Subfamília : Acalyphoideae
Género : Acalypha
Espécies : *Acalypha* indicalinn

A Acalypha indicia Linn. é uma erva anual erecta de 30-75 cm de altura. A planta possui numerosos ramos que são longos, ascendentes e finamente pubescentes. As folhas têm 2,5-7,5 por 2-4,5 cm de comprimento, ovadas ou ovadas rômbicas, agudas ou sub obtusas crenadas serrilhadas, glabras finas, base cuneada com 3 nervos, pecioladas geralmente mais compridas do que a lâmina, delgadas, estipuladas minúsculas. Esta planta possui numerosos espinhos laxos, erectos, alongados, auxiliares, e flores em cacho perto do cume dos espinhos. As flores femininas estão dispersas e rodeadas por folhas grandes, pouco pedunculadas. Ovário híspido, cápsula pequena, bastante escondida pelo bráctea. Muitas vezes, apenas uma semente ovoide, lisa, castanha clara, com 1-2 mm de comprimento.

Caracteres morfológicos

Hábito: Pequenas ervas anuais, erectas, por vezes difusas, de 30-120 cm de altura.

Caule: Simples ou ramificado, verde-escuro, hirsuto, anguloso, piloso e profundamente estriado nas partes mais jovens, menos ou mais terete, glabro e ligeiramente estriado nas mais velhas.

Folhas: Alternadas, ovadas, romboide-ovadas, subagudas ou obtusas no ápice, cuneadas ou afiladas na base, serrilhadas apenas na parte superior ao longo das margens, verde-escuras em cima, por vezes obovadas verde-pálidas em baixo, glabras ou pouco pilosas, pecíolos de 3-8 cm de comprimento, pilosos, estípulas pequenas.

Inflorescência: Espigas andróginas de 2,5 a 6 cm de comprimento, axilares brancas - pubescentes.

Flores: Flores masculinas minúsculas, amarelo-esverdeadas pálidas, condensadas na parte superior, seguidas de um tufo de flores estéreis. Fêmeas laxas, na metade inferior, dispersas, 3-5 brácteas folhosas, grandes, dentadas, com muitas nervuras. Sépalas 4, pétalas 0, estames 8, filamentos livres, ovário tricelular, estilos filiformes.

Frutos : Cápsulas de 1-2 mm de diâmetro, verde-pubescentes, deiscentes, escondidas na bráctea.

Sementes: 3, com cerca de 1 mm de diâmetro, cor de chumbo ou castanho-claro, glabras, ovóides, lisas.

CAPÍTULO 2

Constituinte fitoquímico em *Acalypha indica*

A raiz e as folhas de *Acalpha indica* Linn. foram analisadas qualitativamente quanto à presença de constituintes fitoquímicos como antraquinonas, alcalóides, catacóis, flavonóides, compostos fenólicos, saponinas, esteróides, taninos e triterpenóides.

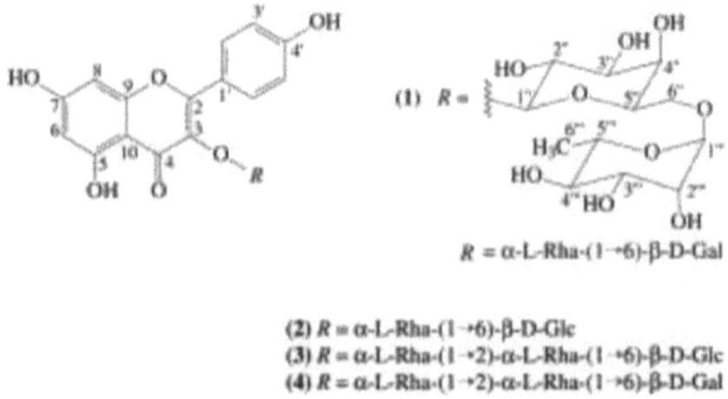

CAPÍTULO 3

Importância económica da *Acalypha indica*

As folhas possuem propriedades laxantes "são utilizadas como substituto da senega", são utilizadas sob a forma de pó ou decocção. Misturadas com alho são usadas como Anti-helmíntico em vermes. Juntamente com o alho são aplicadas na sarna; e o seu sumo com o óleo forma a artrite reumática. Em comparação com outras formas, o sumo das folhas é considerado um emético seguro, convicto e imediato para crianças em doses de uma colher de chá, em casos de crupe; em doses mais pequenas é expetorante e é útil na bronquite crónica e na asma. A decocção da folha ou das raízes é utilizada para dores de ouvido como instilação e também como fomentação à volta do ouvido dorido; e um cataplasma das folhas feridas é aplicado a úlceras sifilíticas, a feridas comidas por larvas e também para aliviar a dor de mordeduras de cobra. O extrato de folhas frescas pode ser utilizado na sarna e noutras doenças de pele, com cal e cebola. É uma boa aplicação estimulante no reumatismo. O pó de folhas secas é utilizado em feridas de cama. Nas dores de cabeça congestivas, diz-se que um pedaço de algodão saturado com o sumo expresso da planta ou das folhas e introduzido em cada narina alivia a dor, "provocando hemorragia do nariz

CAPÍTULO 4

Importância medicinal

É uma erva daninha importante em muitas partes da Ásia, incluindo a Índia, o Paquistão, o Iémen, o Srilanka, em toda a África tropical e na América do Sul. É uma erva anual, com cerca de 80 cm de altura. Esta planta é utilizada como diurético, anti-helmíntico e para problemas respiratórios como bronquite, pneumonia, asma, etc. A raiz desta planta é utilizada como laxante e as folhas para a sarna e outras doenças cutâneas, esta planta tem atividade antimicrobiana contra várias bactérias Gram positivas. É reconhecida localmente como "kucing galak" ou "rumput lis-lis", "kuppaimeni" na Índia. A planta cresce vulgarmente nos pátios das casas e nas planícies da Índia. As tribos de Kerala, Madhya Pradesh e Rajasthan do subcontinente indiano utilizam estes frutos para curar asma, bronquite, tosse, dores de ouvidos, etc., planta e fruto: como expetorante, laxante, pneumonia e reumatismo; folha em doenças de pele como a sarna. A atividade antifúngica é mais acentuada apenas nos extractos de clorofórmio quando avaliada com antibióticos padrão como o cetoconazol, o itraconazol e o fluconazol, o que explica a utilização da medicina tradicional da *Acalypha indicain* para o tratamento de diferentes infecções bacterianas e fúngicas. As folhas secas da planta foram transformadas em cataplasma para tratar escaras e feridas e o sumo de *Acalypha indica é* adicionado ao óleo ou à cal e utilizado para tratar uma variedade de doenças da pele. Esta planta tem muitas utilizações medicinais tradicionais, nomeadamente como purgativo, emítico, vermífugo e escarificado. Na **Maurícia**, a seiva das folhas comprimidas misturada com sal, ou uma decocção da planta, é utilizada para tratar a sarna e outros problemas de pele. Tem sido amplamente utilizada no sistema de medicina ayurvédica para várias doenças. Estas folhas têm benefícios surpreendentes para a saúde e a pele e são utilizadas para tratar constipações, todas as doenças relacionadas com a pele e até para a remoção de pêlos indesejados. A maior parte das plantas utilizadas atualmente eram conhecidas pelos povos das culturas antigas durante o mundo e eram muito cuidadosas na conservação dos seus poderes medicinais. Também foi detalhado para adquirir atividade contraceptiva. No entanto, existem vários métodos para regular as doenças e as suas dificuldades secundárias, as formulações à base de plantas são escolhidas devido aos menores efeitos secundários e ao baixo custo. A procura de medicamentos e suplementos alimentares derivados de plantas tem aumentado nos últimos anos. Botânicos, etnofarmacologistas, microbiologistas e químicos estão a vasculhar a terra em busca de fitoquímicos e medicamentos que possam ser desenvolvidos para tratamento. *Acalypha indicacontains* flavonoid, terpenoid and steroid types of compounds that will build it helpful as an anti-inflammatory and analgesic agent. Ajuda a remover o catarro da região respiratória, sendo por isso aplicada no tratamento da tosse e das dificuldades de inalação.

A Acalypha indicais é uma das plantas selvagens que contém fitoquímicos vitais para aplicações na saúde humana. Um medicamento com uma ação marcada sobre o canal alimentar e os órgãos respiratórios. É indicado na phthisis em fase de arranque, com tosse dura e áspera, expetoração sanguinolenta, hemorragia arterial, mas sem perturbações febris.

A planta tem muitas utilizações medicinais tradicionais. Em **Madagáscar**, a planta esmagada é utilizada contra os parasitas da pele. A decocção da raiz é tomada para vermes intestinais e dores de estômago. A seiva da folha é tomada como emético. Na Reunião, toma-se uma mistura com as raízes de *Tylophora indica* como emético em caso de envenenamento. A infusão das folhas é também tomada como purgante e vermífugo na Reunião e em Madagáscar. Na África Oriental, a seiva das folhas é utilizada para as infecções oculares. O pó das folhas é utilizado para feridas infestadas de larvas. *A Acalypha indicais está* listada na Farmacopeia da Índia como um xarope para a tosse para tratar a asma e a pneumonia. O caule é pouco a densamente peludo. As margens são serrilhadas. São glabros e finos. As cápsulas dos frutos são pequenas, escondidas pelas brácteas. As sementes são ovóides, lisas, de cor castanha clara. As flores são verdes, unissexuais e encontram-se em inflorescências em forma de gata. As folhas, o caule, as flores e as raízes são utilizados como medicamentos.

É considerada pelos praticantes tradicionais como amarga, acre, expetorante, purgante, emética, irritante gastrointestinal e diurética. Sabe-se que as folhas têm propriedades laxantes e são administradas sob a forma de pó ou decocção pelos índios para tratar a obstipação. Em casos de obstipação obstinada, as folhas são moídas em pasta e transformadas numa bola e introduzidas no reto. Nas **Comores**, a decocção das folhas é utilizada sob a forma de creme para tratar dores articulares e reumatismo, enquanto na Índia se utiliza o sumo das folhas misturado com óleo. A cataplasma da planta é aplicada na cabeça para a dor de cabeça.

Aplicação do sistema médico tradicional *Acalypha indicain*

O sistema mais precioso e complexo, que também constitui o pano de fundo para o aparecimento, a evolução e a existência da vida, é a natureza. Desde tempos imemoriais, a natureza tem concedido incríveis benefícios à humanidade, uma vez que fornece alimentos, abrigo, recursos medicinais e animais de acordo com as nossas necessidades. Os sistemas de medicina popular ou tradicional sempre desempenharam um papel imperativo no sistema global de cuidados de saúde.

A Índia é conhecida pelo seu sistema de medicina tradicional e é um dos sistemas tradicionais mais antigos do mundo. A Índia tem a caraterística única de possuir diferentes sistemas tradicionais de medicina bem reconhecidos, tais como Ayurveda, Siddha, Unani, Ioga, Naturopatia e homeopatia.

Literalmente, Ayurveda significa "Ciência da vida" porque se centra na visão do homem e da sua doença. É também chamada a "ciência da longividade" porque oferece um sistema completo para viver uma vida longa e saudável.

A medicina Unani é um sistema medicinal da Grécia antiga que se baseia nas qualidades dos quatro temperamentos e dos quatro humores. Reconhece a doença mental, emocional, espiritual e física.

O sistema Siddha de aplicações medicinais é uma das formas mais seguras de tratamento, porque os medicamentos utilizados neste sistema são derivados de plantas herbáceas e a maioria dos medicamentos é administrada por via oral. Os medicamentos siddha centram-se principalmente na cura do seu estado de saúde a partir do seu interior e, consequentemente, podem constituir uma base mais sólida para eliminar a sua doença. As plantas medicinais importantes desempenham um papel fundamental no antigo sistema medicinal indiano. Atualmente, as plantas medicinais são muito procuradas e a sua aceitação está a aumentar progressivamente.

Utilizações medicinais em Siddha

O sumo da folha é dado numa dose de 1-2 colheres de sopa em caso de emese ou purgativo de crianças pequenas. O sumo das folhas é fervido juntamente com gengibre e aplicado superficialmente sobre áreas dolorosas do corpo. As folhas são moídas com sal e aplicadas externamente em infecções cutâneas como a sarna. As folhas são moídas com curcuma e aplicadas externamente sobre úlceras e picadas venenosas. A pasta de folhas juntamente com cal é utilizada externamente em casos de artrite dolorosa. O sumo das folhas é aplicado externamente sobre a dor de cabeça. É enfaixado sobre áreas de escaras e, portanto, cria uma ação anti-helmíntica. A decocção das raízes é também utilizada como purgante. O sumo da folha juntamente com óleo de neem é aplicado sobre a úvula de crianças pequenas.

Acalypha indicain Ayurveda

A *Acalypha indicain* Ayurveda tem várias utilizações. As folhas contêm propriedades laxantes, são utilizadas como substituto da senega sob a forma de pó. Misturadas com alho, são utilizadas como anatemático nos vermes. Também são usadas na sarna e o seu sumo misturado com óleo forma uma aplicação na artrite reumática. E um cataplasma da folha ferida é aplicado em úlceras sifilíticas, em feridas comidas por larvas e também para aliviar a picada de cobra.

Farmacologia

Uma variedade de tipos de doenças hepáticas inclui hepatite aguda, iterícia, hepatite crónica, cirrose, etc., que podem ser curadas com o uso de *Acalypha indica.*

Vários factores significativos responsáveis pelos danos no fígado são vírus, substâncias tóxicas como medicamentos alopáticos, químicos e distúrbios circulatórios. Nas perturbações hepáticas, as proteínas, os hidratos de carbono, os lípidos e o metabolismo dos medicamentos podem ser danificados. Por conseguinte, há destruição da vida saudável normal do doente, o que cria sintomas como anorexia, náuseas, vómitos, diarreia, aumento dos gânglios linfáticos, baço e hepatomegalia, etc,

Propriedades farmacológicas

Atividade de cicatrização de feridas

Os medicamentos à base de plantas são principalmente a origem do tratamento e cura de diferentes doenças. A condição fisiológica em métodos tradicionais, prática, tais como Ayurveda, Unani e Siddha. As folhas secas de *Acalypha indicais* adicionadas a óleo ou cal são utilizadas para tratar uma diversidade de doenças de pele. As folhas secas são transformadas numa poeira para tratar a fuligem da cama. Os extractos etanólicos foram avaliados quanto à sua atividade de cicatrização de feridas em ratos. Os extractos aquosos de A. indica mostraram a maior zona de inibição para S. aureus e Pseudomonas aureginosa. Este rastreio da atividade antibacteriana da população costeira de plantas medicinais foi estabelecido com grande sucesso para controlar as bactérias infecciosas de feridas Os estudos descobriram que *a A. indica* tem capacidade de cicatrização de feridas; no entanto, é inferior à *Heliotropium indicum* que tem melhor atividade e resistência à tração. Potencial de neutralização da atividade do veneno de *Viper russelli russelli. A A. indica* é uma erva daninha comum, enquanto *a Viper russelli russelli* está entre as serpentes mais mortíferas do mundo. Shirwaika *et al* relacionaram as duas plantas quando investigaram a capacidade da *A. indica* para neutralizar o veneno da serpente. O veneno da víbora induziu letalidade por hemorragia, necrotização e degranulação de mastócitos em ratos e cardiotoxicidade e neurotoxicidade em rãs. Verificou-se que a administração prévia dos extractos de folhas com etanol aos animais testados inibia significativamente estes efeitos. Verificou-se que o extrato também inibiu a peroxidação lipídica induzida pelo veneno nas hemácias, diminuindo os níveis de catalisadores no tecido renal do rato. Isto indica que o extrato de etanol das folhas de *Acalypha indicapossui* propriedades neutralizantes potentes do veneno de serpente.

Toxicidades

A erva crua é considerada venenosa, emética e causa irritação intestinal. Na África Oriental, a seiva das folhas é utilizada como colírio para tratar infecções oculares. Na Namíbia, as folhas moídas em água são usadas para este fim. O pó das folhas é funcionalizado para feridas infestadas de larvas. Uma infusão de folhas juntamente com uma infusão de tubérculos de Jumellea e adoçada com mel é tomada para tratar a bronquite. As folhas são eméticas e uma infusão juntamente com as raízes de *Tylophora indica*. Também se toma uma infusão de folhas como purgante.

A seiva da folha da *Acalypha indicais é* utilizada como gotas para os olhos em alguns países para se livrar de infecções oculares. As folhas moídas desta planta em água também podem ser utilizadas para o mesmo fim e contêm metabolitos activos que são capazes de defender os tecidos do coração de danos e doenças cardiovasculares. O homem primitivo, na procura de medicamentos, aprendeu por tentativa e erro as propriedades medicinais de muitas plantas e órgãos vegetais. Deste modo, formou-se um grande património de conhecimentos. No entanto, ao longo dos tempos, devido à reduzida utilização de medicamentos tradicionais em muitos países, o conhecimento das propriedades medicinais das plantas perdeu-se. As folhas têm propriedades laxantes e, por isso, uma decocção das folhas é utilizada com sucesso no tratamento da obstipação. As folhas frescas desta planta são frequentemente utilizadas como supositório para induzir o movimento em crianças pequenas que sofrem de obstipação. As folhas de urtiga indiana têm sido convencionalmente utilizadas no tratamento de vermes intestinais. Uma mistura de alho e o sumo obtido a partir das folhas de *Acalypha indicadaconstitui* um bom remédio para matar e eliminar os vermes intestinais. O extrato de *Acalypha indicadisplays* liver protecting properties because of its antioxidant effect and hence is useful for treating hepatic dysfunction.

É um remédio popular para tratar o reumatismo. As folhas da planta são esmagadas e o sumo extraído é misturado com cebola e lima. Esta mistura, quando aplicada nas áreas afectadas, alivia a dor e os sintomas causados pela artrite reumática. Na medicina, os diuréticos são usados para tratar insuficiência cardíaca, cirrose hepática, hipertensão, envenenamento por água e certas doenças renais, como a acetazolamida, ajudam a tornar a urina mais alcalina e auxiliam na excreção crescente de substâncias como a aspirina em casos de overdose ou envenenamento. O extrato da planta inteira de *Acalypha indica tem* capacidade de atividade anti-fertilidade pós-coital. Verificou-se que os extractos de éter de petróleo e de etanol são os mais eficazes para causar uma atividade anti-implantação significativa. É um diurético potente que ajuda a aumentar a produção de urina. Isto ajuda a prevenir a preservação da água e é útil para prevenir infecções do trato urinário e para baixar a tensão arterial elevada. É um bom remédio para se livrar dos pêlos indesejáveis. Para isso, as folhas secas de *Acalypha indicash devem* ser moídas até ficarem num pó fino. Fazer uma pasta deste pó com água morna e aplicá-la no pelo a ser removido. Deixar a pasta secar e depois esfoliar suavemente a pele e lavar bem. Para obter alívio das dores musculares, extrair o sumo de algumas folhas de *Acalypha indica e* misturar com uma quantidade igual de óleo de sésamo e aquecer até que o óleo permaneça e toda a água se evapore. Deixar o óleo arrefecer até à temperatura morna e, em seguida, aplicá-lo na área afetada. Pegue em algumas folhas desta erva e coloque-as de molho em água durante algumas horas. Certifique-se de que não bebe demasiado, pois pode provocar vómitos. Este remédio também é eficaz para remover a fleuma e obter alívio de outros problemas respiratórios. *Acalypha indicato* para se livrar de parasitas intestinais é secar as folhas e fazer um pó com elas. Tomar % de uma colher de chá deste pó com água morna. Um supositório anal de folhas esmagadas é usado para relaxar o músculo esfíncter anal contraído e aliviar a obstipação. Para feridas e comichão - Combinar uma pasta de *folhas de Acalypha indicaleaves* com curcuma e aplicar na área afetada. As folhas misturadas com sal comum são aplicadas na sarna. Para obter alívio das hemorróidas - Pegar em quantidades iguais de folhas de *Acalypha indicaleaves* e de manjericão sagrado e fazer um pó fino com elas. Tomar uma colher de chá deste pó com ghee 2 ou 3 vezes por dia pode proporcionar alívio das pilhas. Para feridas de cama - Pegue em algumas folhas secas de *Acalypha indica e* triture-as até obter um pó fino. Aplicar este pó nas áreas afectadas da pele proporcionará alívio das feridas de cama. As inúmeras propriedades medicinais e utilizações curativas da *Acalypha indicama* tornam-na muito importante como planta medicinal eficaz.

PROPRIEDADES ANTIBACTERIANAS

A natureza tem sido uma fonte de agentes medicinais há milhares de anos e um número impressionante de medicamentos modernos tem sido extraído de fontes naturais, muitos deles baseados na sua utilização na medicina tradicional. Uma variedade de plantas medicinais tem sido utilizada há anos na vida quotidiana para tratar doenças em todo o mundo. A utilização predominante de remédios à base de plantas e de preparações para cuidados de saúde, como as ilustradas em textos antigos como a Bíblia e os Vedas, tem sido atribuída à ocorrência de produtos naturais com propriedades medicinais. As plantas com possível atividade antimicrobiana devem ser experimentadas contra um micróbio adequado. *A A. indica* é uma erva anual comum, que se encontra sobretudo nos quintais das casas e em locais de lixo nas planícies da Índia. É utilizada como expetorante, emético, diurético, bronquite, laxante, pneumonia, asma e tuberculose pulmonar. A planta é tradicionalmente utilizada como expetorante contra a asma e a pneumonia. Nos últimos anos, os metabolitos secundários das plantas têm sido amplamente explorados como fonte de agentes medicinais. Atualmente, os produtos naturais provenientes de plantas estão a ser testados para detetar a presença de novos medicamentos com novos modos de ação farmacológica. Os medicamentos artificiais têm efeitos secundários desagradáveis, pelo contrário; o número de microrganismos resistentes aos medicamentos está a aumentar, pelo que os investigadores estão a tentar dar mais atenção aos medicamentos à base de plantas. Os métodos medicinais tradicionais, especialmente a utilização de plantas medicinais, continuam a desempenhar um papel fundamental para cobrir as necessidades básicas de saúde nos países em desenvolvimento. Várias das plantas utilizadas atualmente eram conhecidas pelos povos das culturas antigas de todo o mundo e eram muito apreciadas pelos seus poderes conservantes e medicinais.

As experiências científicas sobre as propriedades antimicrobianas das plantas e dos seus componentes foram reconhecidas no final do século XIX. As plantas medicinais têm sido utilizadas como fonte exemplar desde há séculos como remédio alternativo para o tratamento de doenças humanas, uma vez que contêm numerosas substâncias activas com valor terapêutico. Os compostos bioactivos atualmente retirados das plantas são utilizados como medicamentos. Muitas das espécies vegetais têm um valor tradicional e foram cientificamente avaliadas quanto à sua possível aplicação medicinal. A resistência aos antibióticos levou a investigação a estudar fontes alternativas para o tratamento de estirpes resistentes. Foi adoptada uma variedade de técnicas para melhorar as moléculas bioactivas das plantas medicinais. As vantagens recentes da biologia molecular, da enzimologia e da tecnologia de fermentação da cultura de células vegetais sugerem que o seu sistema pode tornar-se uma fonte viável de metabolitos secundários importantes

A investigação indica que os extractos obtidos das raízes e das folhas de *Acalypha indica têm* propriedades antibacterianas e são capazes de inibir o crescimento de estirpes de bactérias patogénicas, nomeadamente *Staphylococcus aureus, Bacillus subtilis e Klebsiella pneumonia.* Verificou-se que *a Acalypha indica* apresenta uma atividade antimicrobiana significativa contra bactérias e fungos. Devido a esta propriedade, é eficaz na cicatrização de feridas. De facto, estudos realizados em ratos mostraram que os extractos desta planta em aplicação tópica ajudaram a cicatrizar as feridas mais rapidamente. Os factores responsáveis por esta elevada suscetibilidade das bactérias aos extractos não são exatamente conhecidos, mas podem ser atribuídos à presença do metabolito secundário da planta. É de salientar que as actividades antimicrobianas destes extractos de plantas dependiam da concentração do extrato. Os estudos mostram que os extractos de raiz de *Acalypha indicashows têm* propriedades antioxidantes significativas devido à presença de níveis elevados de flavonóides e compostos fenólicos na planta.

CAPÍTULO 5

SÍNTESE VERDE

A química verde, também designada por química sustentável, é uma área da química e da **engenharia química** orientada para a conceção de produtos e métodos que reduzam a utilização e a produção de **substâncias** nocivas. A química verde é a utilização de um conjunto de princípios que reduzem ou eliminam a utilização ou a produção de substâncias perigosas na conceção, fabrico e aplicação de produtos químicos. A química verde é a síntese de substâncias numa técnica adequada, não poluente e isolada, que necessita de quantidades mais lentas de recursos e energia, mas que gera resíduos triviais ou nulos. É necessário diminuir os danos causados à natureza pelos materiais antropogénicos e o procedimento aplicado para os produzir. A investigação surge a partir de descobertas científicas sobre a capacidade de resposta aos efluentes. A biossíntese de nanopartículas tem sido proposta como uma alternativa económica e ecológica aos métodos físicos e químicos. A síntese de nanopartículas mediada por plantas é uma abordagem de química verde que associa a nanotecnologia às plantas. A química verde, também designada por química sustentável, é uma área da química e da engenharia química centrada na conceção de produtos e processos que minimizem a utilização e a produção de substâncias perigosas. Enquanto a química ambiental se centra nos efeitos dos produtos químicos poluentes na natureza, a química verde centra-se em abordagens tecnológicas para prevenir a poluição e reduzir o consumo de recursos não renováveis. Os objectivos gerais da química verde, especificamente, a conceção de moléculas, produtos, materiais e processos mais eficientes em termos de recursos e intrinsecamente mais seguros, podem ser seguidos numa vasta gama de contextos. O método da química verde permite substituir de forma ecológica os solventes e as tecnologias prejudiciais, evitando assim a poluição

A biossíntese de nanopartículas é uma abordagem de síntese de nanopartículas utilizando microorganismos e plantas com aplicações biomédicas. A síntese verde inclui a síntese através de plantas, bactérias, fungos, algas, etc. Permitem a produção em grande escala de NPs de ZnO sem impurezas adicionais. Os processos "verdes" e amigos do ambiente na química e nas tecnologias químicas estão a tornar-se cada vez mais populares e são muito desejados em resultado dos problemas universais relacionados com as preocupações ambientais.

CAPÍTULO 6

História da Química Verde

Anastas é amplamente conhecido como o "Pai da Química Verde" pelo seu trabalho sobre o objetivo e o fabrico de produtos químicos não perigosos e benignos para o ambiente. Além disso, é um vencedor da ciência da sustentabilidade e da novidade para a segurança ambiental. Inventou o termo "Química Verde" e iniciou o primeiro programa de investigação neste domínio. Criou o Instituto de Química Verde na Sociedade Americana de Química e trabalhou no Gabinete de Política Científica e Tecnológica da Casa Branca de 1999 a 2004. A ideia de química verde foi desenvolvida principalmente como uma réplica à Lei de Prevenção da Poluição de 1990, que estabeleceu que a política nacional dos EUA deveria reduzir a poluição através de uma melhor conceção em vez de tratamento e eliminação. A Agência de Proteção do Ambiente é conhecida como uma boa agência, que se afastou do avanço do "comando e controlo" ou do "fim do tubo" no que diz respeito ao que viria a ser chamado o seu programa de "química verde". Os Prémios Presidenciais anuais do Desafio da Química Verde, em 1996, chamaram a atenção para as histórias de sucesso da química verde académica e industrial. O programa de prémios e as tecnologias que destaca são agora uma pedra basilar do currículo educativo da química verde

A **biossíntese** de nanopartículas tem sido planeada como uma opção económica e ecológica aos **métodos** químicos e **físicos. A síntese** de nanopartículas mediada por plantas é um **método de química verde** que associa a nanotecnologia às plantas. **O método físico é uma** síntese que consome tempo e energia a alta temperatura e pressão; **o método químico é** simples, económico e a baixa temperatura; **o método verde é** fácil, eficiente e amigo do ambiente. O método verde é fácil, eficiente e amigo do ambiente. Elimina a utilização de produtos químicos tóxicos, consome menos energia e produz produtos mais seguros.

Ex: Au, Ag, , Zn ,& other metal

A caraterização refere-se ao estudo das caraterísticas do material, tais como a sua composição, estrutura e várias propriedades, como físicas, eléctricas, magnéticas, etc.

A química verde para a síntese química aborda os nossos desafios futuros no trabalho com processos e produtos químicos, inventando novas reacções que podem maximizar os produtos desejados e minimizar os subprodutos, esquematizando novos métodos e aparelhos sintéticos que podem simplificar as operações nas produções químicas e nanométricas.

A nanociência e a nanotecnologia surgiram como um dos domínios promissores da ciência multidisciplinar. Está a emergir como um campo em rápido crescimento com a sua aplicação na ciência e tecnologia para efeitos de fabrico de novos materiais ao nível da nanoescala. É uma tecnologia promissora que procura desenvolver avanços tecnológicos distintos para controlar a estrutura dos materiais a uma escala dimensional reduzida, aproximando-se das moléculas individuais e das suas estruturas supramoleculares organizadas. Envolve a adaptação de materiais a nível atómico para obter propriedades únicas, que podem ser adequadamente manipuladas para as aplicações desejadas. O potencial de novos produtos que conduzem a melhorias nas nossas vidas é maravilhoso. Muitas vezes, o seu comportamento é muito diferente do das amostras a granel do mesmo. Assim, a investigação tem estado atenta à análise dos materiais a nível molecular, atómico e macromolecular, com a intenção de compreender e influenciar as caraterísticas que são significativamente diferentes da distribuição dos materiais à microescala. Com a redução das proporções de

Quando os materiais são reduzidos ao nível atómico, as suas propriedades alteram-se. As nanopartículas metálicas têm suscitado um enorme interesse devido às suas propriedades ópticas, catalíticas, electrónicas, antimicrobianas, magnéticas, etc., únicas. São largamente utilizadas em diferentes aplicações, como a medicina, a eletrónica, os biomateriais, a produção de energia, etc. As propriedades únicas das nanopartículas metálicas dependem do tamanho, da forma e da distribuição do tamanho das partículas. As nanopartículas de prata (Ag-NPs) são uma das mais importantes nanopartículas comercializadas. As Ag-NPs têm atraído uma atenção considerável nos últimos anos devido às suas potenciais aplicações em diferentes domínios, como a biomedicina, os biossensores e a catálise oxidativa.

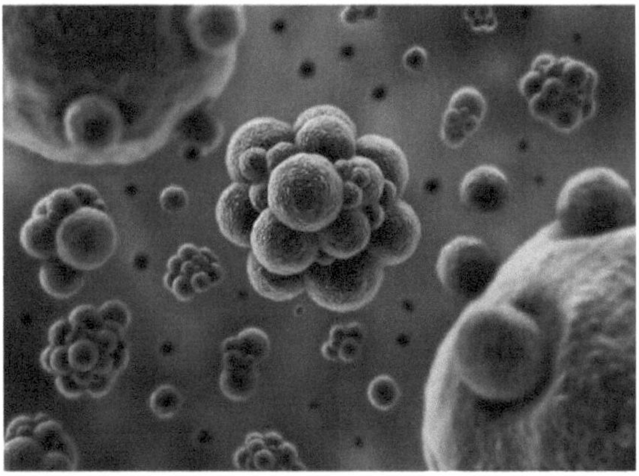

Síntese verde de nanopartículas

CAPÍTULO 7

REVISÃO DE LITERATURA

De acordo com Neeraj, et al., (2017) o *Aegle* marmelos (Linn.) Correa ex Roxb., pertence à família Rutaceae. É uma árvore de origem indiana de tamanho médio que pode ser encontrada até uma altura de 1200 metros. A maioria das partes desta árvore engenhosa compreende um grande número de cumarinas, alcalóides, esteróis e óleos essenciais, pelo que possui capacidades antimicrofilariais, antifúngicas, analgésicas, anti-inflamatórias, antipiréticas, hipoglicémicas, antidislipidémicas, imunomoduladoras, antiproliferativas, cicatrizantes, anti-fertilidade e insecticidas.

Os estudos de Bogutska, et al., (2013) devido à dimensão nano de constituintes eficientes das células vivas e à sua aplicação de nanotecnologias no domínio biomédico é uma dificuldade significativa para os dias de hoje. Uma das direcções mais promissoras é a utilização de nanopartículas de zinco para o diagnóstico molecular, a administração de fármacos a alvos específicos e o desenvolvimento de novas preparações farmacêuticas, o que oferece novas tendências neste domínio. De acordo com S. Devasenan et al., (2016) a Síntese e caraterização de nanopartículas de zinco pelo método de síntese verde da planta medicinal *Andrographis paniculata*. Sulfato de zinco como usado para sintetizar as nanopartículas de zinco usando extrato de folhas de *Andrographis paniculata*. E relataram que o extrato de folha desta planta é o melhor para a combinação de nanopartículas de zinco e também é conhecido por ter a capacidade de impedir o crescimento de vários microrganismos patogénicos. A síntese de nanopartículas de zinco a partir desta planta pode ser utilizada para várias aplicações devido ao facto de ser amiga do ambiente, não tóxica e compatível com aplicações farmacêuticas e outras. Amitkumar Mittal et al., ( ) referiram que as biomoléculas presentes nos extractos de plantas podem ser utilizadas em nanopartículas num processo de síntese ecológica numa única etapa para reduzir os iões metálicos. Esta redução biogénica de iões metálicos em metal de base é relativamente rápida, facilmente conduzida à temperatura e pressão ambiente e pode ser aumentada à escala. Os agentes redutores incluem vários metabolitos vegetais solúveis em água. As nanopartículas de prata e de ouro têm sido objeto de uma atenção especial nas sínteses à base de plantas. Extractos de uma gama diferente de espécies vegetais foram utilizados com sucesso no fabrico de nanopartículas.

Xiaoyun Qin et al. (2012) apresentaram pela primeira vez uma abordagem simples, económica e ecológica para a preparação de nanopartículas de carbono fluorescentes solúveis em água, utilizando resíduos de baixo custo da casca de pomelo como fonte de carbono, com um rendimento quântico de aproximadamente 6,9% por processo hidrotérmico. O sistema de deteção apresenta uma sensibilidade e uma seletividade de primeira ordem em relação ao Hg^{2+} , tendo sido atingido um limite de deteção tão baixo como 0,23 nm. De acordo com Elizabeth Varghese et al (2015), as partículas nanométricas de ZnO de morfologia específica foram sintetizadas utilizando os extractos de folhas de plantas de Aloe vera. As estruturas, morfologia, propriedades ópticas, área de superfície e comportamento térmico dessas nanopartículas de ZnO fabricadas foram caracterizadas. Snehal Yedurkar et al., (2016) relataram que a síntese verde de nanopartículas de óxido de metal com extrato de planta é uma esperança diferente do método tradicional de síntese química. A partir do extrato de folhas de *Ixora coccinea*, foram produzidas nanopartículas de óxido de zinco altamente estáveis e esféricas utilizando acetato de zinco. Prevê-se que as nanopartículas de óxido de zinco destas folhas tenham aplicações nas indústrias biomédica, cosmética, biotecnológica, de sensores, médica, de catálise, de dispositivos ópticos, de revestimentos, de administração de medicamentos e de remediação da água, podendo também ser aplicadas em dispositivos electrónicos e magneto-eléctricos. Esta é considerada uma nova abordagem de síntese barata e amiga do ambiente.

Com a crescente sensibilização para a energia verde e limpa, as células solares à base de óxido de zinco revelaram-se candidatas adequadas para dispositivos de conversão de energia rentáveis e respeitadores do ambiente (Mitali Saha et al.,(2016)

Deepak Kumar Gupta et al., (2016) relataram que as nanopartículas e os seus compostos têm actividades inibitórias eficazes para o crescimento microbiano. Devido à explosão de doenças infecciosas causadas por estes micróbios, os investigadores estão à procura de um novo agente antimicrobiano. A síntese, a caraterização e a aplicação de nanopartículas sintetizadas biologicamente tornaram-se agora um fator significativo da nanotecnologia. As nanopartículas foram produzidas em massa em todo o mundo devido à sua vasta gama de aplicações. Uma nanopartícula tem muitas possibilidades para produtos que se centram nos cuidados de saúde, tais como pensos para queimaduras, dispositivos médicos e andaimes, etc,

Kokil Bansala et al., (2017) centraram-se na síntese verde de nanopartículas de zinco utilizando nitrato de zinco e utilizando os componentes biológicos do extrato de folhas de *Calotropis gigantean*. De acordo com Nikahat Parween et al., (2013), o campo da nanotecnologia é considerado como uma pesquisa interdisciplinar emergente em desenvolvimento. As nanopartículas são amplamente estudadas pelas suas propriedades catalíticas, magnéticas, electrónicas, ópticas, antimicrobianas, cicatrizantes e anti-inflamatórias específicas. Na ciência moderna, a nanotecnologia é um campo de eleição para os investigadores. As nanopartículas de óxido de zinco são reconhecidas como uma das nanopartículas inorgânicas mais multifuncionais com sua ampla aplicação (Rajeshkumar et al., (2015). As nanopartículas sintetizadas a partir do extrato de folhas de *Passiflora caerulea*. As nanopartículas sintetizadas foram testadas contra a cultura patogénica e exibiram uma zona de inibição muito boa associada ao extrato da planta. Isto indica a capacidade biomédica das NPs de ZnO.

Niranjan Bala et al., (2015) relataram a atividade das nanopartículas (NPs) de óxido de zinco (ZnO) sintetizadas a partir do extrato de folhas de *Hibiscus subdariffa*. Estas nanopartículas de ZnO têm potencial como agentes antibacterianos.

G.Viruthagiri et al., (2017) descreveram a biossíntese verde de nanopartículas (NPs) de ZnO usando *Solanum nigrum* como agente de cobertura. A funcionalização de partículas de ZnO através do extrato de folhas de *S. nigrum* mediada pela biorredução de ZnO foi investigada através de várias técnicas. E sugere que as NPs de ZnO têm aplicações potenciais em vários domínios médicos e industriais, pelo que a investigação é tão útil e útil para as comunidades científicas.

Siavash Iravani et al., (2015) Nos últimos anos, o desenvolvimento de métodos eficientes de química verde para a síntese de nanopartículas metálicas tornou-se um dos principais objectivos dos investigadores. Eles investigaram a fim de descobrir uma técnica ecológica para a síntese de nanopartículas bem caracterizadas. Um dos protocolos mais recomendados é o de nanopartículas metálicas utilizando organismos. Entre estes organismos, as plantas parecem ser os melhores candidatos e são adequadas para a biossíntese de nanopartículas em grande escala. As nanopartículas produzidas por plantas são mais estáveis e a taxa de síntese é mais rápida do que no caso dos microrganismos. Além disso, as nanopartículas são mais variadas em forma e tamanho quando comparadas com as produzidas por outros organismos. As vantagens da utilização de plantas e de materiais derivados de plantas para a biossíntese de nanopartículas metálicas levaram os investigadores a explorar os mecanismos de absorção e biorredução de iões metálicos pelas plantas e a compreender o possível mecanismo de formação de nanopartículas metálicas nas plantas.

Kavita Vishwakarma et al., (2013) destacaram a nanotecnologia como um campo de eleição para os investigadores devido às suas vastas aplicações no domínio da medicina. As nanopartículas são muito utilizadas devido ao seu pequeno tamanho e à sua orientação, que alteram o desempenho de qualquer outro material que esteja em contacto com estas partículas minúsculas. Estas partículas podem ser facilmente preparadas através de diferentes métodos químicos, físicos e biológicos. Mas a abordagem biológica é o método de preparação mais desenvolvido, porque é mais fácil, ecológico e demorado. O semicondutor ZnO tem despertado um interesse substancial na comunidade científica, em parte devido à sua grande energia de ligação de excitões. De acordo com Yadavendra et al., (2017), as nanopartículas de ZnO foram fabricadas biologicamente usando cepas microbianas, o tamanho médio das partículas e o potencial de carga variam em todas as três preparações.

CAPÍTULO 8

Importância da química verde

Saúde humana:

- Ar mais limpo: Uma menor quantidade de químicos perigosos libertados para o ar é mais importante para reduzir os danos nos pulmões
- Água mais limpa: menor libertação de resíduos químicos de risco para a água importante para uma água potável e de lazer mais limpa
- Maior proteção para os trabalhadores da indústria química, menor utilização de materiais tóxicos, menor necessidade de equipamento de proteção pessoal, menor potencial de acidentes.
- Produtos de consumo mais seguros de todos os tipos: será possível adquirir produtos mais seguros; alguns produtos (por exemplo, medicamentos) serão acabados com menos resíduos; vários produtos (por exemplo, pesticidas, produtos de limpeza) serão substituídos por produtos menos seguros
- Alimentos mais seguros: abolição de produtos químicos tóxicos persistentes que podem atravessar a cadeia alimentar; insecticidas mais seguros que são tóxicos apenas para pragas específicas e se degradam rapidamente após a utilização
- uma menor exposição a substâncias químicas nocivas, como os desreguladores endócrinos

Ambiente:

- Numerosos produtos químicos acabam no ambiente por libertação intencional ao longo da utilização (por exemplo, pesticidas), por libertação instintiva (juntamente com as emissões durante o fabrico) ou por eliminação. As substâncias químicas verdes também se degradam em produtos inofensivos ou são melhoradas para utilização adicional
- As plantas e os animais são menos afectados pelos produtos químicos tóxicos presentes no ambiente

- Menor potencial de aquecimento global, formação de smog e destruição da camada de ozono
- Uma menor quantidade de perturbações químicas dos ecossistemas
- Menor utilização de aterros, nomeadamente aterros de resíduos de risco

Economia e negócios:

- rendimentos superiores para reacções químicas, quantidades intensas de matéria-prima mais pequenas para obter a mesma quantidade de produto
- Menos etapas sintéticas, permitindo frequentemente uma acumulação mais rápida de produtos, o aumento da capacidade da fábrica e a economia de energia e água
- resíduos condensados, eliminando a dispendiosa reparação, a perigosa eliminação de resíduos e os tratamentos de fim-de-linha
- Permitir a substituição de uma matéria-prima comprada por um produto triturado
- Melhor considerando, de modo a que seja necessário menos produto para realizar a mesma função
    - utilização reduzida de produtos petrolíferos, medir o seu esgotamento e evitar os seus riscos e as flutuações de preços
    - Dimensão reduzida da unidade de fabrico, caso contrário, a pegada durante o aumento do rendimento
    - Aumento da competitividade dos fabricantes de produtos químicos e dos seus clientes

CAPÍTULO 9

Aplicação da química verde

Tem diferentes aplicações industriais no planeamento da produção de produtos químicos mais seguros, na indústria alimentar e de aromas e nas tecnologias ecológicas na indústria farmacêutica, na indústria do papel e da pasta de papel, na indústria de polímeros, nas indústrias de destilação e de açúcar, na indústria têxtil e de curtumes e na química ecológica em agroquímicos.

Na indústria farmacêutica: As indústrias químicas têm sido influenciadas pelos princípios da Química Verde e da Engenharia. A indústria farmacêutica é muito recetiva a estas opções industriais mais ecológicas. Está a adotar cada vez mais processos ecológicos e operações tecnológicas criativas nos departamentos de investigação de muitos fabricantes de medicamentos, que estão a preceder novas metodologias ecológicas, reacções com menos solventes e biocatalisadores, e cortes na produção de resíduos, e ao mesmo tempo iniciaram regulamentos de segurança e saúde para proteger os seus trabalhadores.

Em Agroquímicos: Os produtos agroquímicos preparados quimicamente são prejudiciais para o ambiente, uma vez que não são biodegradáveis e são fabricados através de processos que não respeitam o ambiente. Além disso, influenciam a saúde humana e animal ao penetrarem na cadeia alimentar. Por conseguinte, para colher com êxito os benefícios dos produtos de proteção das culturas sem prejudicar o ambiente e a saúde humana, é vital que os produtores e utilizadores de produtos de proteção das culturas se concentrem nos seguintes elementos

1. Mudança para processos de fabrico de química verde
2. Desenvolver produtos agroquímicos "verdes
3. Utilizar judiciosamente os produtos de proteção das culturas. Assiste-se a uma mudança regular no sentido da realização de práticas ecológicas.

Na indústria de polímeros: A engenharia de reação de polímeros é o principal objetivo da transformação para uma sustentabilidade superior. Esta alteração está a ser possível utilizando os 12 princípios da química verde. Existem enormes oportunidades, desde a substituição de solventes até à utilização de monómeros menos venenosos na produção de polímeros. Trata-se de uma área de investigação muito ativa, apesar das limitações no fornecimento destas matérias-primas. A utilização de solventes e condições de reação mais seguros também parece ter suscitado um esforço de investigação significativo.

Na indústria têxtil: Ultimamente têm sido dados diferentes passos para tornar a dispensa têxtil mais ecológica. Estas medidas incluem a utilização de fibras mais ecológicas, solventes mais ecológicos, corantes e auxiliares mais ecológicos reciclados, processamento optimizado e com recursos, têxteis, tensioactivos biodegradáveis, bioprocessamento, preparação e tingimento mais ecológicos, retardadores de chama ecológicos, água e produtos químicos e abolição de produtos químicos perigosos. Na indústria têxtil e do papel, estão a ser feitos esforços para desenvolver uma nova abordagem mais ecológica, que tem como consequência a redução da tradição da água, do tempo e da energia no processamento têxtil.

Na indústria alimentar: Vários países urbanizados desenvolveram e aceitaram uma estratégia de desenvolvimento sustentável na indústria alimentar, bem como soluções para reforçar as tecnologias sustentáveis na produção e transformação de alimentos. Os estudos de caso do conceito de emissões zero estão relacionados com a sustentabilidade da indústria alimentar.

A química verde não é um novo ramo da ciência. É um método totalmente novo que, através da aplicação e da adição dos princípios da química inexperiente, dará origem ao desenvolvimento de propriedades. Estes são aplicados não exclusivamente na síntese, processamento e utilização de compostos químicos. Através do desenvolvimento de procedimentos de química inexperiente, somos brilhantes para minimizar o desperdício de materiais, manter a economia do átomo e evitar o serviço de produtos químicos perigosos. Os investigadores e as empresas farmacêuticas têm de ser estimulados a contemplar os princípios de

Inexperiência química na abordagem dos processos e na seleção dos reagentes

ser estimulados a contemplar os princípios de

Inexperiência química na abordagem dos processos e na seleção dos reagentes

CAPÍTULO 10

NANOTECNOLOGIA

A nanotecnologia é um domínio em rápido crescimento, no qual a investigação incide sobre a síntese, a conceção e a manipulação de estruturas de partículas que variam entre 1-100 nm. A investigação ganhou impulso nos últimos anos, fornecendo soluções inovadoras no domínio da biomedicina, da ótica, da ciência dos materiais e da eletrónica. Trata-se essencialmente de uma forma variada de elementos básicos derivados da alteração das suas propriedades atómicas e moleculares. A nanobiotecnologia é uma parte da nanotecnologia e tem um carácter multidisciplinar que considera a utilização de nanopartículas nos sistemas biológicos. Constitui uma técnica crucial para o desenvolvimento de um processo limpo, não tóxico e respeitador do ambiente para a síntese de nanopartículas metálicas, que tem a capacidade de reduzir metais através de vias metabólicas específicas. Apresentam caraterísticas específicas em comparação com as partículas grandes, como a sua morfologia, tamanho e distribuição. As aplicações das nanopartículas são vastas e diversificadas: interações de nanomateriais com células e tecidos vivos, investigação sobre o nanoacoplamento de polímeros, criação de sistemas bio-híbridos de medicina regenerativa, nanomedicina e outras. Os processos de síntese ecológica envolvem a síntese de nanopartículas a partir de plantas. As técnicas de síntese ecológica recorrem a produtos químicos sem qualquer tipo de poluição para a síntese de nanoestruturas. Incluem a utilização de solventes ecológicos e seguros, como a água e os extractos naturais. Assim, as abordagens biológicas que utilizam microrganismos e plantas ou extractos de plantas para a síntese de nanopartículas metálicas têm sido sugeridas como alternativas seguras aos métodos químicos. A química verde reduz o risco de poluição ao nível da fonte e é reforçada para prevenir os resíduos em vez de os tratar ou limpar depois de formados. O princípio centra-se na escolha de reagentes que sejam amigos do ambiente. Embora os métodos físicos e químicos sejam rápidos e mais fáceis para a síntese de nanopartículas, a técnica biogénica é melhor e mais amiga do ambiente

É improvável que os micróbios desenvolvam resistência contra a prata, como acontece com os antibióticos convencionais, porque o metal ataca uma vasta gama de alvos nos organismos, o que significa que eles precisam de desenvolver uma série de mutações simultaneamente para se protegerem.

Como resultado, as Ag-NPs têm sido aplicadas a uma vasta gama de produtos, sendo os mais

A sua importante utilização atual é como agentes antimicrobianos para prevenir infecções, como em pensos para queimaduras e feridas traumáticas, úlceras diabéticas, revestimento de cateteres, trabalhos dentários, andaimes e dispositivos médicos.

As nanopartículas apresentam vantagens em relação às terapias actuais, uma vez que podem ser modificadas para terem determinadas propriedades ou para se comportarem de forma convicta. Estas propriedades são a seletividade, a forma, o tamanho e a biocompatibilidade. Propriedades como estas permitem que as nanopartículas afectem o corpo humano de forma diferente das terapias tradicionais. É a criação de materiais, dispositivos e sistemas úteis ou funcionais através do controlo da matéria à escala nanométrica e da exploração de novos fenómenos e propriedades que surgem devido à escala nanométrica. Os materiais com nanoestruturas são materiais muito interessantes, tanto por razões científicas como por aplicações práticas

Atualmente, está a ser utilizada uma grande variedade de abordagens físico-químicas para a síntese de nanopartículas (NPs). No entanto, a redução biogénica de precursores metálicos para produzir as NPs correspondentes é amiga do ambiente, menos dispendiosa e isenta de contaminantes químicos para aplicações médicas e biológicas em que a pureza das NPs é uma das principais preocupações. Recentemente, a síntese de NPs através de rotas ecológicas tornou-se popular entre os investigadores devido ao seu baixo custo, síntese em atmosfera ambiente, não toxicidade, compatibilidade ambiental, etc. e facilidade de aplicação, uma vez que as partículas resultantes são altamente solúveis em água, biocompatíveis e desprovidas de estabilizadores tóxicos. A síntese de nanopartículas é mediada por métodos químicos, físicos e ecológicos. O método físico implica a utilização de equipamento dispendioso, temperaturas e pressões elevadas e uma grande superfície para a instalação de máquinas. O método químico implica a utilização de produtos químicos tóxicos que podem revelar-se perigosos para o ambiente e para a pessoa que os manuseia. Os extractos de plantas são uma ferramenta muito promissora para a síntese fácil de NPs por vias ecológicas.

As novas aplicações de nanopartículas e nanomateriais estão a crescer rapidamente em várias frentes devido às suas propriedades completamente novas ou melhoradas com base no tamanho, na sua distribuição e morfologia. Estão a ser rapidamente renovadas num grande número de domínios, como os cuidados de saúde, os cosméticos, a biomedicina, a alimentação humana e animal, a administração de medicamentos, a saúde, o ambiente, a mecânica, a ótica, a eletrónica, as indústrias químicas, as indústrias espaciais, a catálise, a ciência da energia, os emissores de luz, os dispositivos ópticos não lineares, os transístores de electrões únicos e as aplicações foto-electroquímicas. Várias nanopartículas de metais nobres, como a prata, o cobre, o ouro e a platina, foram amplamente sintetizadas através de vários métodos. As vias físicas e químicas de preparação das nanopartículas têm muitas desvantagens e não são amigas do ambiente. Por isso, investigadores de todo o mundo têm procurado métodos novos e ambientalmente benignos para a síntese de nanopartículas biocompatíveis. A aplicação de nanopartículas está a aumentar nos dias de hoje devido a uma variedade de domínios como a física, a biotecnologia, a química, a engenharia, as ciências dos materiais e a medicina. As nanopartículas de zinco estão a ser amplamente utilizadas em vários campos devido à sua individualidade e atratividade nas suas propriedades, como as eléctricas, dermatológicas, ópticas e antibacterianas. Isto faz com que se tornem um elemento promissor em campos amplamente distribuídos como os automóveis, a eletrónica, a optoelectrónica, os têxteis, a medicina, a administração de medicamentos e os cosméticos. Além disso, o mecanismo exato da síntese de nanopartículas de prata por extractos de plantas ainda não é totalmente compreendido, embora se tenha especulado a participação de fenólicos, proteínas e agentes redutores. Por conseguinte, continua a ser necessário encontrar uma via económica, comercialmente viável e ambientalmente limpa para sintetizar nanopartículas que possam ser apropriadas para uso humano em condições de segurança. Desempenha um papel importante na administração de medicamentos, imagiologia e administração de genes, seleção de genes, deteção de diagnósticos, implantes artificiais e engenharia de tecidos. Nos últimos anos, o método biossintético que utiliza extractos de plantas tem recebido a máxima atenção do que os métodos físico-químicos, uma vez que este método de síntese de nanopartículas pode causar efeitos citotóxicos nos seres humanos.

Atualmente, os cientistas discutem as implicações futuras da nanotecnologia. Poderá gerar muitos novos materiais e dispositivos com uma vasta gama de aplicações, tais como: nano medicina, nano eletrónica, produtos de consumo e biomateriais, produção de energia.

As nanopartículas metálicas têm propriedades físicas e químicas diferentes das dos metais a granel, tais como pontos de fusão mais baixos, áreas de superfície, propriedades ópticas, resistências mecânicas e propriedades específicas de magnetização que podem revelar-se atractivas numa série de aplicações industriais.

A síntese ecológica de nanopartículas reduziu efetivamente a utilização de métodos físicos e químicos. Foram propostos vários métodos químicos para a síntese de nanopartículas de óxido de zinco (ZnO NPs), tais como a reação do zinco com álcool, a síntese hidrotérmica, o método de precipitação por transporte de vapor, etc. A utilização de métodos de síntese ecológicos pelos investigadores está a aumentar rapidamente devido à utilização de produtos químicos menos tóxicos, à natureza ecológica e à síntese de nanopartículas numa única etapa. O sistema biológico envolvido na síntese ecológica de nanopartículas é constituído por plantas e seus derivados, microrganismos como bactérias, algas, fungos e leveduras. A levedura é uma planta medicinal originária da América do Sul, utilizada contra diferentes agentes patogénicos que causam várias doenças, como a diarreia, e a sua atividade medicinal foi registada em muitos modelos animais. Biossíntese de ZnO NPS a partir de plantas como *Aloe vera, Sargassum muticum, Borassus flabellifer* fruit, *Eichhornia crassipes,* e também em algumas espécies bacterianas e fúngicas como *Bacillus subtilis* e *E.coli.* As nano partículas de óxido metálico têm sido amplamente utilizadas para fins medicinais nas décadas anteriores. As nanopartículas de óxido de metal têm aplicações ambientais, uma vez que podem atuar como catalisadores, o que é útil na redução ou eliminação dos produtos químicos tóxicos perigosos do ambiente.

Algumas das nanopartículas de óxidos metálicos, tais como TiO2, Fe3O4, CuO e ZnO, têm sido investigadas em pormenor devido às suas diversas actividades biológicas. Entre estas, as NPs de ZnO são utilizadas na eliminação de produtos químicos tóxicos como o arsénio e o enxofre das fontes de água, devido à sua grande área de superfície por rácio de volume do que os materiais a granel. O óxido de zinco tem uma aplicação notável em microeletrónica, dispositivos optoelectrónicos, diagnósticos, deteção bio-molecular, dispositivos de ondas acústicas de superfície como dispositivos laser, sensores electromagnéticos acoplados. Podem atuar como uma fonte alternativa para a pobreza dos poluentes atmosféricos.

CAPÍTULO 11

PROPRIEDADES DAS NANOPARTÍCULAS:

As propriedades dos nanomateriais, incluindo as propriedades térmicas, mecânicas, ópticas e químicas dos nanomateriais, serão abordadas juntamente com as possíveis aplicações dos nanomateriais.

PROPRIEDADES FÍSICAS E QUÍMICAS

Frequentemente, tem propriedades físicas e químicas exclusivas. À escala nanométrica, os materiais têm um comportamento muito diferente do que à escala maior e é ainda muito difícil prever as propriedades químicas e físicas de partículas de dimensão muito reduzida. Tem uma forma e um tamanho definidos e uma estrutura interna. Podem ser encontradas sob a forma de aerossóis, suspensões ou emulsões. Os processos químicos que ocorrem nas superfícies das nanopartículas são também muito difíceis e permanecem em grande parte desconhecidos. Existem algumas formas de interação entre elas. Podem permanecer livres ou agrupar-se em função das forças de interação atractivas ou repulsivas que as unem. A composição de uma nanopartícula específica pode ser muito complexa, dependendo das interações que teve com outros produtos químicos ou partículas e do seu tempo de vida.

PROPRIEDADES MECÂNICAS:

Devido à dimensão nanométrica, muitas das propriedades mecânicas dos nanomateriais são alteradas para serem diferentes das dos materiais a granel, incluindo a dureza, a resistência ao risco, a resistência à fratura, a resistência à fadiga, o módulo de elasticidade, etc. O desenvolvimento das propriedades mecânicas dos nanomateriais pode ser efectuado devido a estas alterações, que resultam normalmente da perfeição estrutural dos materiais. As constantes elásticas dos materiais nano-cristalinos têm-se revelado reduzidas em 30% ou menos. Estes resultados foram interpretados como resultado do grande volume livre do componente interfacial resultante do aumento do espaçamento médio inter-atómico nas regiões de fronteira. Normalmente, o

A dureza aumenta com a diminuição do tamanho do grão. Em tamanhos de grão muito pequenos, a dureza diminui com a diminuição do tamanho do grão. O tamanho de grão crítico no qual esta inversão ocorre depende de um material.

PROPRIEDADES TÉRMICAS:

Muitas propriedades dos materiais à escala nanométrica têm sido bem estudadas, incluindo as propriedades ópticas, eléctricas, magnéticas e mecânicas. No entanto, as propriedades térmicas dos nanomateriais só registaram progressos mais lentos. Isto deve-se em parte às dificuldades de medir e controlar experimentalmente o transporte térmico em dimensões nanométricas. O microscópio de força atómica (AFM) tem sido utilizado para medir o transporte térmico de nanoestruturas com uma resolução espacial elevada à escala nanométrica, o que constitui uma forma promissora de investigar as propriedades térmicas das nanoestruturas. Além disso, as simulações teóricas do transporte térmico em nanoestruturas estão ainda a dar os primeiros passos.

Mais importante ainda, à medida que as dimensões descem para a escala nanométrica, a disponibilidade da definição de temperatura é posta em causa. Nos sistemas de materiais não metálicos, a energia térmica é transportada principalmente por fónons, que têm uma grande variação de frequência e de caminhos livres médios. No entanto, a definição comum de temperatura baseia-se na energia média de um sistema material em equilíbrio. Para sistemas macroscópicos, a dimensão é suficientemente grande para definir uma temperatura local em cada região dos materiais e esta temperatura local varia de região para região, pelo que se podem estudar as propriedades de transporte térmico dos materiais com base em determinadas distribuições de temperatura dos materiais. Mas para os sistemas de nanomateriais, as dimensões podem ser demasiado pequenas para definir uma temperatura local.

PROPRIEDADES ÓPTICAS:

As propriedades ópticas de pequenas partículas têm merecido uma atenção considerável devido às suas potenciais aplicações em sensores ópticos e dispositivos de laser.

Os sistemas nanocristalinos têm suscitado interesse pelas suas novas propriedades ópticas, que diferem notavelmente dos cristais a granel. Os factores incluem o confinamento quântico de portadores eléctricos no interior das nanopartículas, a transferência eficiente de energia e de carga através de distâncias à escala nanométrica em muitos sistemas e um papel muito importante das interfaces. Com a crescente tecnologia destes materiais, é essencial compreender a base detalhada das propriedades fotónicas das nano partículas. As propriedades ópticas lineares e não lineares destes materiais podem ser finamente adaptadas através do controlo das dimensões dos cristais e da química das suas superfícies, pelo que a tecnologia de fabrico se torna um fator-chave para as aplicações. A absorção ótica exibida por estes cristalitos ocorre devido a transições relativas à orbital molecular que têm nós na superfície do grão. Os dispositivos semicondutores como CdS, ZnS, ZnSe CdSe foram investigados quanto à sua absorção ótica em função do tamanho da partícula, exibindo mudanças azuis à medida que o tamanho da partícula diminui. O efeito do tamanho na absorção ótica torna-se significativo quando o diâmetro do aglomerado se torna igual ou semelhante ao diâmetro de excisão do buraco do eletrão num semicondutor a granel. As condições de superfície não mostram muito efeito sobre os espectros de luminescência observados.

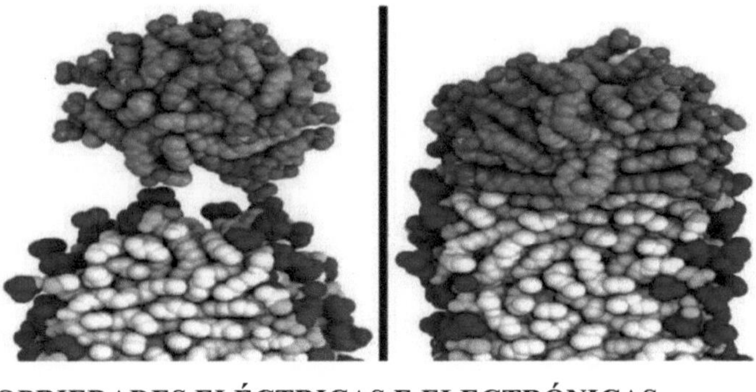

PROPRIEDADES ELÉCTRICAS E ELECTRÓNICAS:

De acordo com a teoria da dispersão de electrões nos sólidos, prevê-se que a resistividade eléctrica dos materiais nanocristalinos seja superior à dos materiais policristalinos de grão grosseiro, devido à maior fração volumétrica de átomos nos limites dos grãos. A resistividade eléctrica deste material é também reconhecida como sendo superior à dos sólidos amorfos. É bem sabido que a condutividade eléctrica dos sólidos é determinada pela sua estrutura eletrónica. Normalmente, nos sólidos, a banda de valência está completamente preenchida por electrões e afastada da banda de condução vazia com o intervalo de energia do intervalo de banda. Quando o tamanho das partículas é condensado para a gama dos nanómetros, o valor do intervalo de banda (Eg) aumenta e, consequentemente, a condutividade é reduzida.

No caso das nanopartículas metálicas, a densidade de estados nas bandas de condução e de valência é reduzida e as propriedades electrónicas são drasticamente alteradas, ou seja, a densidade de estados quase contínua é alterada por níveis quantizados com um espaçamento dependente do tamanho. Nesta situação, o metal não apresenta um comportamento metálico ou semicondutor em massa. Este efeito de quantização de tamanho pode ser considerado como o início da transição de metal para não metal. O tamanho em que a transição ocorre depende da natureza do metal.

PROPRIEDADES MAGNÉTICAS:

As propriedades magnéticas das partículas dependem fortemente da sua forma e tamanho. Quando o tamanho das partículas é reduzido em materiais ferromagnéticos e ferroeléctricos para tamanhos da ordem dos microns, as partículas tornam-se domínios únicos. O paramagnético ou super ferroelétrico, respetivamente, a uma temperatura inferior ao ponto de Curie. Nestas condições, não apresentam qualquer efeito de histerese e possuem uma permeabilidade muito elevada, perdendo o seu magnetismo ou polarização quando o campo externo é removido. As nano partículas super paramagnéticas podem ser utilizadas em processos de separação em bioquímica. As aplicações potenciais das partículas magnéticas à escala nanométrica são a imagiologia a cores, os fluidos de ferro e a refrigeração magnética. Os metais Co, Ni Fe são utilizados para este fim, uma vez que são simples de sintetizar e económicos.

CAPÍTULO 12

APLICAÇÕES

Nos últimos anos, as nanopartículas emergiram como actores-chave na medicina moderna. Estão a ser testadas por organismos para utilização em numerosas aplicações clínicas, desde transportadores para a administração de medicamentos e genes em tumores até agentes de contraste em imagiologia. As nanopartículas de micelas poliméricas são utilizadas para administrar fármacos a tumores, e as nanopartículas de carbono denominadas nanodiamantes estão a ser testadas para utilização em aplicações médicas. Os medicamentos quimioterápicos ligados a nano diamantes estão a ser testados para o tratamento de tumores cerebrais e alguns investigadores estão a tentar utilizar os mesmos para tratar a leucemia. Na terapia fotodinâmica do cancro é utilizado um corante especial para criar oxigénio atómico, que é citotóxico. A maior parte deste corante é absorvida pelas células cancerígenas, em comparação com o tecido saudável. Um dos principais inconvenientes desta terapia é o facto de as moléculas residuais do corante se espalharem para os olhos e para a pele, tornando o doente muito sensível à exposição à luz do dia. Para evitar este efeito secundário, a versão hidrofóbica da molécula de corante é encapsulada numa nanopartícula porosa. O corante permanece preso na nanopartícula Ormosil e não migra para outras partes do corpo. A sua capacidade de produção de oxigénio não é afetada e o tamanho do poro de 1 nm permite que o oxigénio se difunda. Absorve os radicais livres de oxigénio e depois liberta o oxigénio num estado menos perigoso. No futuro, poderá também ser utilizada em vacinas inaláveis, uma vez que a alteração da superfície das nanopartículas cheias de proteínas aumenta a capacidade da nanopartícula para motivar respostas imunitárias. As nanopartículas transportam medicamentos para os tumores e os investigadores da Universidade de Rice confirmaram que as nanopartículas de óxido de cério funcionam como um antioxidante para eliminar os radicais livres de oxigénio, que estão presentes na corrente sanguínea de um doente após uma lesão traumática. Por exemplo, os nano diamantes com moléculas de proteínas podem ser utilizados para desenvolver o crescimento ósseo sobre implantes dentários ou articulares. Outros investigadores estão a testar a utilização de medicamentos de quimioterapia ligados a nano diamantes para tratar a leucemia. Ao criar elementos de dimensão nanométrica na superfície da prótese do joelho ou da anca, as hipóteses de rejeição podem ser reduzidas. A produção de osteoblastos também pode ser simulada, o que foi demonstrado utilizando materiais cerâmicos, poliméricos e, recentemente, metálicos. Está a ser utilizada por muitos fabricantes para desenvolver produtos com melhores capacidades ou para reduzir os seus custos de produção. Os investigadores da Universidade de Purdue demonstraram um método chamado impressão por choque a laser que produz formas metálicas à nanoescala, que lhes podem conferir propriedades ópticas e mecânicas apelativas, utilizando um sistema de bancada. Este sistema produz as formas de forma económica e em grande escala. Uma das principais vantagens do método de conformação induzida por choque é o facto de criar estruturas de elevada fidelidade e caraterísticas verticais e cantos bem definidos. Mais de 800 produtos dependem destes processos e materiais. Os aditivos utilizados em materiais compósitos poliméricos para raquetes de ténis, para-choques de automóveis, tacos de basebol, capacetes de motociclistas, caixas de ferramentas eléctricas e bagagem podem torná-los fortes, duradouros e leves. Foi demonstrada uma pele sintética, que pode ser utilizada em próteses, com capacidade de auto-cura e de sentir a pressão. Está a ser utilizada em muitas aplicações para melhorar o ambiente. Podem ser activadas pela luz solar e podem funcionar na água, o que as torna úteis para a limpeza de derrames de petróleo. Trata-se de nano partículas de ouro incorporadas num óxido de manganês poroso, que está a ser utilizado como catalisador à temperatura ambiente para decompor poluentes orgânicos voláteis do ar. Os investigadores científicos estão a descobrir a utilização da nanotecnologia para produzir energia mais eficiente e rentável e, da mesma forma, as lâmpadas de alta eficiência podem ser produzidas com uma matriz polimérica de nano-engenharia num estilo específico. Estas lâmpadas inovadoras são inquebráveis e têm o dobro da eficiência das lâmpadas fluorescentes. Do mesmo modo, estão a ser desenvolvidas pás de moinhos de vento utilizando epóxi que envolve nanotubos de carbono. Estes epóxis cheios de nanotubos ajudam a criar pás mais fortes e leves, que aumentam a quantidade de eletricidade produzida por cada moinho de vento. Esta folha também foi utilizada para criar células térmicas, que produzem eletricidade quando os lados da célula estão a temperaturas variáveis. Estas folhas de nanotubos podem ser colocadas à volta do tubo de escape de um automóvel para produzir eletricidade a partir do calor que, de outra forma, seria desperdiçado. O nanotubo está destinado a redefinir muitos produtos e aplicações electrónicas no futuro. A síntese biológica é efectuada através da utilização de algas, bactérias, actinomicetos, fungos e plantas. A utilização de extractos de plantas para nanopartículas prepara-se para ser favorável em relação a outros materiais biológicos, uma vez que elimina o longo processo de manutenção da cultura de células. Entre outras nanopartículas metálicas, as nanopartículas de zinco são mais consideradas devido à sua boa estabilidade, condutividade e atividade antimicrobiana. A atividade biológica das nanopartículas de zinco depende de muitos factores, como a forma, o tamanho, a química da superfície, a distribuição, a composição das partículas, a morfologia das partículas, a cobertura, a aglomeração, etc.

CAPÍTULO 13

ZINCO

O zinco foi isolado pela primeira vez porAndreas Marggraf em 1746. Na sua forma elementar, o zinco tem um aspeto cinzento-prateado. É quebradiço a temperaturas normais, mas maleável entre 100 °C e 150 °C. É um bom condutor de eletricidade e arde no ar a vermelho elevado, produzindo nuvens brancas de óxido. É um mineral essencial para o desenvolvimento pré-natal e pós-natal. A deficiência de zinco afecta cerca de dois mil milhões de pessoas no mundo e está relacionada com muitas doenças. Provoca atraso na expansão, atraso na maturação sexual, vulnerabilidade a infecções e diarreia.

Muitas ligas contêm zinco, incluindo outros metais há muito conhecidos como ligas binárias com zinco: alumínio, antimónio, bismuto, ouro, ferro, chumbo, mercúrio, prata, estanho, magnésio, cobalto, níquel, telúrio e ferromagnético.

Nanopartículas de zinco (Zn)

As nanopartículas de óxido de zinco (ZnO) são hoje em dia utilizadas nas indústrias têxteis devido ao seu exterior branco, menor custo, actividades antibacterianas e propriedades de proteção contra os raios UV. Foi referido que contêm a capacidade de inibir o crescimento de bactérias gram-negativas e gram-positivas e de inibir o crescimento bacteriano através de diferentes mecanismos, tais como a penetração na membrana celular, a fixação na superfície bacteriana através de forças electrostáticas e a produção de espécies reactivas de oxigénio. Estas nanopartículas têm potenciais aplicações tecnológicas, como a proteção do corpo contra a radiação solar e as infecções bacterianas. As nanopartículas ou nanodots são partículas metálicas esféricas ou facetadas com elevada área superficial. As partículas de zinco em nanoescala são tipicamente de 20-40 nanómetros (nm) com uma área de superfície específica (SSA) na gama de 30-50 m2/g e também estão disponíveis com um tamanho médio de partícula de 100 nm com uma área de superfície específica de aproximadamente 7 m2/g.

As nanopartículas de zinco também estão disponíveis em formas de pureza ultra-alta e alta pureza, revestidas e dispersas.
Também estão disponíveis como dispersão através do grupo de produção AE Nanofluid. Os nanofluidos são geralmente definidos como nanopartículas suspensas em solução, utilizando surfactantes ou tecnologia de carga superficial. Também estão disponíveis orientações técnicas para a dispersão de nanofluidos e para a seleção de revestimentos. Outras nanoestruturas incluem nanobastões, nanowhiskers, nanohorns, nanopirâmides e outros nanocompósitos.

O óxido de zinco é um composto inorgânico com a fórmula molecular ZnO. Apresenta-se como um pó branco e insolúvel em água. O pó de ZnO é utilizado como aditivo em vários materiais e produtos, incluindo cerâmica, borracha, vidro, cimento, pomadas, lubrificantes, tintas, adesivos, vedantes, plásticos, pigmentos, alimentos, ferrites, baterias e retardadores de fogo. A maior parte do ZnO utilizado para fins lucrativos é produzido sinteticamente. O semicondutor ZnO tem várias propriedades exclusivas, como a elevada mobilidade dos electrões, boa transparência e forte luminescência à temperatura ambiente. Estas propriedades explicam as suas aplicações em eléctrodos transparentes em ecrãs de cristais líquidos e em janelas que poupam energia ou protegem do calor e outras aplicações electrónicas. Hoje em dia, as propriedades únicas dos nanomateriais motivaram os investigadores a desenvolver muitas técnicas mais simples e baratas para produzir nanoestruturas de materiais tecnologicamente importantes. O óxido de zinco é considerado um dos materiais mais bem explorados em nanodimensões. Também é possível obter áreas de superfície elevadas utilizando soluções e películas finas através de alvos de pulverização catódica e tecnologia de evaporação utilizando pastilhas, varetas e folhas As aplicações dos nanocristais de zinco incluem um agente antimicrobiano, antibiótico e antifúngico (fungicida) quando incorporados em revestimentos, ligaduras, nanofibras, nanofios, plásticos, ligas e têxteis e investigação adicional das suas potenciais propriedades eléctricas, dieléctricas, magnéticas, ópticas, imagiológicas, catalíticas, biomédicas e biocientíficas.

Ocorrência e produção

O óxido de zinco (ZnO) ocorre na natureza como um mineral de grão grosseiro. Teoricamente, é obtido por oxidação do zinco ou do vapor de zinco com o oxigénio atmosférico ou por calcinação de diferentes

CAPÍTULO 14

Nanopartículas de zinco com propriedades físicas

O óxido de zinco (ZnO) tem cristais hexagonais ou um pó branco. Quando aquecido, a sua cor torna-se amarelo-limão e volta a ser branco quando arrefecido. O óxido de zinco tem uma densidade de 5,61 g/cm^3 . O óxido de zinco tem uma gama muito ampla e versátil de aplicações, incluindo produtos técnicos, cosméticos e usos farmacêuticos. Atualmente, o óxido de zinco é o mais vendido na indústria da borracha. Promove o processo de vulcanização da borracha que é utilizada no fabrico de pneus. O óxido de zinco aumenta a resistividade à água e prolonga o tempo de processamento. O pó de zinco e o "branco de zinco" são também utilizados como enchimento de poros em superfícies

O óxido de zinco, juntamente com os líquores, desenvolve-se em sais de zinco anti-sépticos e adstringentes, razão pela qual é utilizado pela indústria farmacêutica para o fabrico de pastas de zinco, pomadas de zinco, fitas adesivas, ligaduras para o tratamento da pele e de feridas.

Por exemplo, conversores piezoeléctricos, sensores, díodos luminosos, óxidos condutores transparentes e componentes optoelectrónicos ou spintrónicos, que atualmente são dificilmente concebíveis sem o óxido de zinco. Os semicondutores à base de óxido de zinco são utilizados como camadas condutoras transparentes em díodos emissores de luz azul, células solares de película fina e ecrãs de cristais líquidos, Propriedades das nanopartículas de zinco (teóricas)

Molecular Weight	65.37
Appearance	Gray to black powder
Melting Point	419.53 °C
Boiling Point	907 °C
Density	7140 kg/m^3
Electrical Resistivity	5.916 microhm-cm @ 20 °C
Electronegativity	1.6 Paulings
Heat of Fusion	1.595 Cal/gm mole
Heat of Vaporization	27.4 K-Cal/gm atom at 907 °C
Poisson's Ratio	0.25
Specific Heat	0.0928 Cal/g/K @ 25 °C
Tensile Strength	N/A
Thermal Conductivity	1.16 W/cm/K @ 298.2 K
Thermal Expansion	(25 °C) 30.2 µm·m-1·K-1
Vickers Hardness	N/A
Young's Modulus	108 Gpa

CAPÍTULO 15

O PAPEL DO ZINCO NA ACTIVIDADE VITAL DO ORGANISMO

O zinco é conhecido por ser um dos principais microelementos essenciais necessários para as funções imperativas. Entra no organismo a partir da água e dos alimentos e é absorvido principalmente no intestino delgado, onde é ligado por albuminas e globulinas, ou nos tecidos onde é depositado em proteínas que acumulam zinco e cádmio. O zinco é incorporado na estrutura de complexos metaloenzimáticos e hormonais. A propriedade do zinco de participar nos processos de formação de ligandos com moléculas orgânicas explica o facto de estar amplamente disponível em diferentes sistemas biológicos. O transporte e o metabolismo do zinco no organismo são caracterizados pela sua rápida assimilação.

Por exemplo, o zinco desempenha um papel importante em processos biológicos como o crescimento e a divisão das células, a osteogénese, a cetogénese e a resposta imunitária. Nos últimos anos, os investigadores têm estudado o zinco, os iões e os compostos de zinco e o seu efeito no organismo como biomarcadores e antioxidantes, a atividade em certas estruturas das membranas celulares, proteínas, etc. Há muito que se considera que o zinco não é tóxico, mas estudos recentes demonstram in vivo a sua ação tóxica. No entanto, o mecanismo do seu efeito nocivo no organismo ainda não foi revelado. O excesso de zinco pode causar a morte celular por apoptose ou necrose. Os investigadores distinguem duas funções anti apoptóticas principais do zinco.

1) Ação direta sobre o controlador da apoptose, nomeadamente sobre as enzimas da família das caspases, que podem evitar a lesão por oxidação.

Nano pó de zinco. As partículas de zinco adquirem propriedades físicas e químicas únicas que podem ser diferentes das que possuem nos compostos metálicos conhecidos, o que permite a sua utilização em novas aplicações biomédicas. As nanopartículas de ZnO podem ser utilizadas no fabrico de cremes cosméticos, pomadas, etc., que protegem o organismo das radiações ultravioletas. Foi referido que os materiais à base de nanopartículas de ZnO podem ser utilizados em sensores de infravermelhos e electroquímicos. Para a produção do biossensor, o elétrodo de platina é revestido com uma película de nanopartículas de ZnO e polipirrol, na qual é imobilizada a csantoxidase. O elétrodo modificado com a enzima é aplicado para detetar a escantação

Nanopartículas de Zno na agricultura

O sector agrícola enfrenta uma série de desafios globais, como a urbanização, as alterações climáticas, a utilização sustentável dos recursos e questões ambientais como o escoamento, os fertilizantes e a acumulação de pesticidas, prevendo-se um aumento da população mundial dos actuais 6 mil milhões para 9 mil milhões até 2050. A nanotecnologia ocupa um lugar de destaque na transformação da agricultura e da produção alimentar. A nanotecnologia tem um enorme potencial para adaptar as práticas agrícolas convencionais. As nanopartículas e as nanocápsulas constituem um meio eficaz de distribuir pesticidas e fertilizantes de forma controlada e com elevada especificidade local, reduzindo assim os danos colaterais. A aplicação da nanotecnologia nas explorações agrícolas está a ganhar destaque devido ao controlo competente e à libertação precisa de herbicidas e fertilizantes. Os fertilizantes de libertação lenta nanoencapsulados podem poupar a utilização de fertilizantes e minimizar a poluição ambiental.

Tem potencial para aumentar o rendimento e o crescimento das culturas alimentares. Foi utilizado um tratamento à escala nanométrica de óxido de zinco (tamanho médio das partículas de 25 nm) a uma concentração de 1000 ppm que promoveu a germinação das sementes, o crescimento das plantas e o vigor das plântulas. A solução coloidal de nanopartículas de óxido de zinco é utilizada como fertilizante. O nanofertilizante é um nutriente para plantas que é mais do que um fertilizante, uma vez que não só fornece nutrientes para a planta, mas também reaviva o solo para um estado orgânico sem os factores nocivos dos fertilizantes químicos. O rendimento das plantas de trigo cultivadas a partir de sementes que foram tratadas com nanopartículas metálicas aumentou, em média, 20 a 25%

CAPÍTULO 16

APLICAÇÕES

As aplicações do pó de óxido de zinco são numerosas e as principais são resumidas a seguir. A maioria das aplicações explora a reatividade do óxido como precursor de outros compostos de zinco. Para aplicações na ciência dos materiais, o óxido de zinco tem um elevado índice de refração, elevada condutividade térmica, propriedades aglutinantes, antibacterianas e de proteção UV. Consequentemente, é adicionado a materiais e produtos, incluindo plásticos, cerâmica, vidro, cimento, borracha, lubrificantes, tintas, pomadas, adesivos, vedantes, fabrico de betão, pigmentos, alimentos, baterias, ferrites, retardadores de fogo, etc

Óxido de zinco Utilizações Indústrias farmacêuticas não inflamável, estável e insolúvel em água. O zinco é um componente natural e uma parte inerente do ambiente. A exposição a níveis naturais de zinco na biosfera é essencial para todos os organismos vivos. O zinco desempenha importantes funções metabólicas nos seres humanos, animais e plantas. O óxido de zinco é reconhecido como um aditivo nutricional valioso. As muitas estruturas de óxido de zinco nanométrico para uso industrial significam que o ZnO pode ser classificado entre os novos materiais com aplicações potenciais em muitos domínios da nanotecnologia. O óxido de zinco pode surgir em produtos farmacêuticos, lubrificantes e revestimentos. As caraterísticas especiais de uma variedade de preparações cosméticas para o cuidado do cabelo e da pele. protege a pele absorvendo os raios ultravioleta das queimaduras solares; em pomadas para queimaduras ajuda a cicatrizar.

Os sais simples de zinco fornecem propriedades adstringentes e de condicionamento da pele aos cremes, embora os sais mais complexos forneçam propriedades fungistáticas que contribuem para a eficácia de sabonetes, desodorizantes e preparações anti-caspa. É utilizado numa vasta gama de produtos cosméticos e de cuidados pessoais, juntamente com maquilhagem, loções para bebés, produtos para unhas, pós para os pés. E sabonetes de banho. É utilizado como agente de volume e corante e como protetor solar. O óxido de zinco funciona como um protetor solar ao espalhar e dispersar a radiação UV. A U.S. Food and Drug Administration (FDA) efectuou amplas revisões da segurança do óxido de zinco para utilização como aditivo de cor em medicamentos, cosméticos, protectores solares e ingredientes activos de proteção da pele.

Há muito que é um dos principais ingredientes das fitas cirúrgicas e industriais à base de borracha sintética ou natural, uma vez que se destaca pela retenção da aderência durante o envelhecimento. As colas de neopreno são melhoradas pela adição de resinas fenólicas e compostos de zinco, cujos produtos de reação conferem propriedades especiais, tais como elevada resistência ao calor, melhor descasque, elevada força de ligação e resistência à tensão de cisalhamento, para a fixação da solução adesiva de neopreno

Reflectindo as propriedades básicas do ZnO, as partículas finas do óxido têm propriedades desodorizantes e antibacterianas e, por essa razão, são adicionadas a materiais que incluem tecidos de algodão, borracha e embalagens de alimentos. A ação antibacteriana superior das partículas finas em relação ao material a granel não é exclusiva do ZnO e é observada noutros materiais, como a prata. O óxido de zinco é amplamente utilizado para tratar uma variedade de doenças da pele, incluindo dermatites, prurido devido a eczema e assaduras de fraldas, e também é utilizado em pó para bebés e cremes de barreira para tratar assaduras de fraldas, creme de calamina, champôs anti-caspa e pomadas anti-sépticas. É adicionado a muitos produtos alimentares, como os cereais de pequeno-almoço, como fonte de zinco, um nutriente necessário. Alguns alimentos pré-embalados também contêm vestígios de ZnO, ainda que não seja proposto como nutriente. Foi associado à contaminação por dioxinas nas exportações de carne de porco em 2008. As tintas com pó de óxido de zinco são utilizadas há muito tempo como revestimentos anticorrosivos para metais. São especialmente eficazes para o ferro estimulado. O ferro é difícil de proteger, uma vez que a sua reatividade com os revestimentos orgânicos provoca fragilidade e falta de aderência. Algumas das propriedades electrónicas únicas das utilizações industriais do óxido de zinco são utilizadas individualmente no processo de fotocópia. As propriedades ópticas do óxido de zinco são grandemente modificadas para aumentar a sua absorção de raios de luz na região visível. Este processo, conhecido como sensibilização, é geralmente efectuado por adição de determinados corantes, que são absorvidos na superfície do óxido de zinco. O óxido de zinco comercial para fotocópias é geralmente produzido a partir de zinco metálico, em vez de minério, para obter um produto de maior pureza. O ZnO é um material anódico promissor para baterias de iões de lítio porque é barato, biocompatível e amigo do ambiente. Verificou-se que contribui para propriedades especiais em muitos tipos de lubrificantes, tais como lubrificantes de pressão extrema, lubrificantes resistentes a gripagem e melhor aderência.

Os plásticos, como o polietileno naftalato (PEN), podem ser protegidos através da aplicação de um revestimento de óxido de zinco. Estas camadas podem também ser utilizadas em policarbonato (PC) em aplicações exteriores .

Este revestimento oferece um amplo espetro, como ótico, bioquímico, químico e físico. Os fabricantes descobriram que podiam produzir revestimentos com consistência de pincel e boas propriedades de suspensão através da integração de utilizações industriais de óxido de zinco nas suas pastas.

Os compostos de zinco são utilizados há muito tempo pelas suas propriedades anticorrosivas em revestimentos de proteção de metais, e as tintas para uso industrial à base de óxido de zinco são particularmente úteis como primários para ferro galvanizado envelhecido. Estas superfícies são difíceis de proteger, uma vez que a sua reatividade com os revestimentos orgânicos provoca fragilidade e falta de aderência. Pode ser considerado um material multifuncional graças às suas propriedades químicas e físicas únicas. O processo químico mecânico, a precipitação controlada, o método sol-gel e o método hidrotérmico, o método que utiliza o ambiente de emulsão e microemulsão. O óxido de zinco, com as suas propriedades únicas, tais como elevada estabilidade química, ampla gama de absorção de radiação, elevado coeficiente de acoplamento eletroquímico e elevada fotoestabilidade, é um material multifuncional. O óxido de zinco pode ser utilizado em borrachas, plásticos, látex e pigmentos. A indústria da borracha, no seu crescimento ao longo dos últimos cem anos, tem utilizado um maior número de propriedades físicas, ópticas e químicas do óxido de zinco. Os pneus da indústria da borracha contêm grandes quantidades deste material para a condutividade térmica e o reforço, uma vez que a acumulação de calor é crítica nas suas velocidades de funcionamento mais elevadas em comparação com os seus homólogos de borracha sólida.

No processo terapêutico da borracha natural& a maioria dos tipos de borrachas sintéticas, a reatividade química do óxido de zinco é utilizada para ativar o acelerador orgânico. A porção não tratada do óxido de zinco permanece disponível como uma reserva básica para neutralizar os produtos de decomposição ácida contendo enxofre formados durante a vulcanização.

Serve como acelerador em muitos tipos de elastómeros e a ligação cruzada, que contém, assume várias formas. Em muitos sistemas, o óxido de zinco é um co-acelerador útil no processo de vulcanização. Para a indústria da borracha é útil na proteção do látex das plantações, uma vez que se combina com a enzima responsável pela decomposição. O óxido é também um agente anti-fungos, restringindo o crescimento de fungos como o bolor e o mofo. No isolamento de fios e cabos de alta tensão, recupera a resistência aos efeitos corona através da sua força dieléctrica e, a temperaturas de funcionamento elevadas, contribui para a manutenção das propriedades físicas do composto de borracha através da neutralização do produto de decomposição ácida. Durante o seu elevado brilho, índice de refração e melhor tamanho de partícula, proporciona um elevado grau de brancura e força de coloração para produtos de borracha tais como paredes laterais de pneus, folhas e luvas cirúrgicas. Dá reforço à borracha natural e a muitos elastómeros sintéticos, como o cloropreno e o polissulfureto. Mostra depender de uma mistura da dimensão das partículas do óxido, sendo a dimensão óptima a mais eficaz, e da reatividade do óxido com a borracha. Proporciona uma condução de calor para dissolver facilmente e rapidamente o calor, proporcionando assim temperaturas de funcionamento mais baixas. O óxido de zinco confere resistência ao calor e resistência mecânica aos compósitos acrílicos. O óxido de zinco contribui para a formação e cura da resina epoxídica. A adição de óxido de zinco às resinas epóxi curadas com poliaminas alifáticas confere maior resistência à tração e à água. Confere propriedades resistentes ao fogo a fibras e moldes de nylon. É também útil na preparação de polímeros de nylon e no aumento da sua resistência. A formação de poliésteres na presença de óxido de zinco confere maior viscosidade e outras melhorias. O ZnO reage com poliésteres insaturados para formar uma maior viscosidade e um corpo tirotrófico. A capacidade de tingimento das fibras de poliéster é melhorada pelo óxido de zinco. A adição de óxido de zinco melhora a cor, a resistência à tração e as propriedades de vulcanização da poliolefina. A estabilização térmica do PVC é efectuada pelo óxido de zinco. A antiestática, a estabilidade da emulsão e a estática dos fungos são propriedades adicionais conferidas aos polímeros de vinil pelo óxido de zinco. A indústria cerâmica utiliza uma quantidade significativa de óxido de zinco, em particular em composições de esmaltes e fritas cerâmicas. A capacidade térmica comparativamente elevada, a condutividade térmica e a estabilidade a altas temperaturas do ZnO, juntamente com um coeficiente de desenvolvimento comparativamente baixo, são propriedades desejáveis na produção de cerâmica. Afecta o ponto de fusão e as propriedades ópticas dos esmaltes, esmaltes e formulações cerâmicas. O óxido de zinco, enquanto fluxo secundário de baixa expansão, melhora a elasticidade dos esmaltes reduzindo a alteração da viscosidade em função da temperatura e ajuda a evitar a fissuração e o tremor. O zinco em pequenas quantidades recupera o desenvolvimento de superfícies elegantes e brilhantes. O óxido de zinco misturado com cerca de óxido de ferro (III) (Fe_2O_3) chama-se calamina e é utilizado na loção de calamina. Reflectindo as propriedades básicas do ZnO, as partículas finas do óxido têm propriedades refrescantes e antibacterianas. O aumento da ação antibacteriana das partículas finas em relação ao material a granel não se restringe ao ZnO e é observado noutros materiais, como a prata. É amplamente utilizado para tratar várias doenças da pele, comichão devido a eczema, incluindo dermatite, assaduras e acne. É utilizada em produtos como pó de talco para bebés e cremes de barreira para tratar assaduras, creme de calamina, champôs anti-caspa e pomadas anti-sépticas. Pode ser utilizado em pomadas, cremes e loções para proteção contra queimaduras solares e outros danos na pele causados pela luz ultravioleta. Muitos protectores solares utilizam nanopartículas de óxido de zinco porque essas pequenas partículas não dispersam a luz e, por isso, não parecem brancas. As propriedades conferidas pelo Óxido de Zinco Utilizações

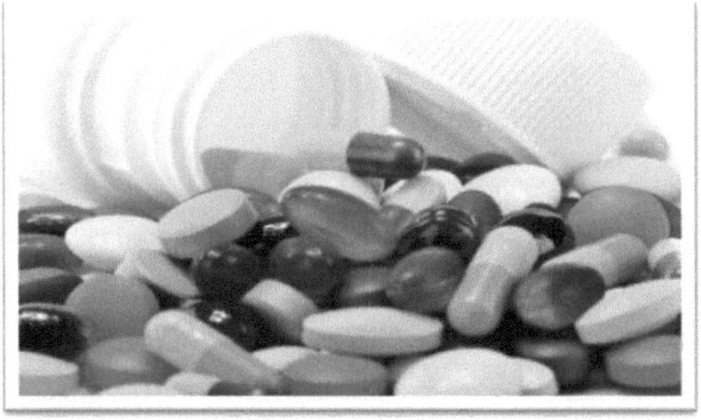

As indústrias farmacêuticas têm algumas das mais recentes aplicações como vidro eletrónico, vidro de baixo ponto de fusão para vedações metal-vidro, termóstatos para utilização como para-raios e vidros desvitrificados de baixa expansão térmica.

As nanopartículas de óxido de zinco podem melhorar a atividade antibacteriana da ciprofloxacina. Foi demonstrado que o nano ZnO, que tem um tamanho médio entre 20 nm e 45 nm, pode desenvolver a atividade antibacteriana da ciprofloxacina contra Staphylococcus aureus e Escherichia coli in vitro. O efeito atrativo deste nanomaterial é dependente da concentração contra todas as estirpes testadas.

ACTIVIDADE ANTIMICROBIANA

Um antimicrobiano é um agente que mata os microrganismos ou impede o seu crescimento. Os medicamentos antimicrobianos podem ser classificados de acordo com os microrganismos contra os quais actuam principalmente. Podem também ser classificados de acordo com a sua função. Os agentes que matam os micróbios são designados microbicidas, enquanto os que simplesmente inibem o seu crescimento são designados biostáticos e a utilização de medicamentos antimicrobianos no tratamento de infecções é conhecida como quimioterapia antimicrobiana.As principais classes de agentes antimicrobianos são os desinfectantes ("antimicrobianos não selectivos", como a lixívia), que matam uma vasta gama de micróbios em superfícies não vivas para evitar a propagação de doenças, os anti-sépticos (que são aplicados em tecidos vivos e ajudam a reduzir a infeção durante a cirurgia) e os antibióticos (que destroem os microrganismos no interior do corpo). O termo "antibiótico" descrevia originalmente apenas as formulações derivadas de microrganismos vivos, mas atualmente também se aplica a antimicrobianos sintéticos, como as sulfonamidas ou as fluoroquinolonas. O termo também costumava restringir-se aos antibacterianos (e é frequentemente utilizado como sinónimo destes por profissionais médicos e na literatura médica), mas o seu contexto alargou-se para incluir todos os antimicrobianos. Os agentes antibacterianos podem ainda ser subdivididos em agentes bactericidas, que matam as bactérias, e agentes bacteriostáticos, que retardam ou impedem o crescimento bacteriano. Em resposta, novos avanços nas tecnologias antimicrobianas resultaram em soluções que podem ir além da simples inibição do crescimento microbiano. Em vez disso, foram desenvolvidos certos tipos de meios porosos que matam os micróbios por contacto.

A utilização de plantas como conjunto de produção de nanopartículas de prata tem atraído a atenção, devido ao seu protocolo rápido, ecológico, não patogénico e económico e ao facto de proporcionar uma técnica de passo único para os processos biossintéticos. A redução e a estabilização dos iões de prata através da combinação de biomoléculas como proteínas, aminoácidos, enzimas, polissacáridos, alcalóides, taninos, fenólicos, saponinas, terpinoides e vitaminas, que já se encontram estabelecidas nos extractos de plantas com valores medicinais e são benignas para o ambiente, mas que, no entanto, não são prejudiciais para a saúde.

As plantas são os reservatórios do número dos metabolitos complicados dos valores medicinais. Têm sido utilizadas por vários trabalhadores, de tempos a tempos, para o benefício do tratamento da doença em diferentes épocas.

Desde há séculos que as espécies de Acalypha e a sua parte vegetal são utilizadas pelas comunidades tribais para o tratamento dos vários tipos de perturbações. No sistema de medicina Ayurveda e no sistema de medicina siddha, a planta das espécies Acalypha é utilizada para diversos fins. Em Tamil Nadu, verificou-se que as tribos paliyar utilizavam a planta para o tratamento das doenças, sendo utilizada para fins laxantes. As folhas da espécie Acalypha são utilizadas na forma de pó para fins laxativos. Também foi afirmado que a pasta oral dos extractos das folhas é utilizada para o tratamento da obstipação. Nas Filipinas, a decocção das folhas é utilizada para o tratamento da disenteria. As nanopartículas de prata foram sintetizadas utilizando o extrato de folhas de Acalypha indica. As nanopartículas de prata mostraram uma atividade antibacteriana eficaz contra agentes patogénicos transmitidos pela água (Escherichia coli e Vibrio cholera). Os extractos de folhas de Magnolia kobus e Diopyros kaki foram utilizados na síntese de nanopartículas de ouro.A mistura de placas (triângulos, pentágonos e hexágonos) e estruturas esféricas (tamanho, 5-300 nm) foi encontrada a temperaturas mais baixas e formas esféricas mais pequenas foram obtidas a temperaturas mais elevadas O caldo de folhas de Neem (Azadirachta indica) foi utilizado para a síntese de nanopartículas de prata e ouro e nanopartículas bimetálicas Au/Ag. O extrato de folhas mostrou uma formação rápida de nanopartículas de prata e ouro estáveis a concentrações elevadas, com uma morfologia plana e semelhante a uma placa. A síntese de nanopartículas de Ag (AgNPs) utilizando o extrato aquoso de folhas de Lippia citriodora mostrou AgNPs cristalinas esféricas (tamanho de 15-30 nm). A formação das partículas foi proporcional ao efeito da concentração do agente redutor. O extrato aquoso da folha de Ocimum sanctum é utilizado para a síntese de nanopartículas de ouro e prata. O tamanho das nanopartículas de prata foi de 10-20 nm. O extrato de folha de Murraya Koenigii foi utilizado para produzir nanopartículas de prata e ouro. As nanopartículas de prata tinham um tamanho de 10 nm, esférico e as nanopartículas de ouro tinham um tamanho de 20 nm. O $AgNO_3$ aquoso e o extrato de folhas de Mangifera indica produziram nanopartículas triangulares, hexagonais e quase esféricas com um tamanho de 20 nm. O extrato de folhas de Hibiscus rosa sinensis foi utilizado na síntese de nanopartículas de ouro e prata de várias formas. O tamanho e a forma das nanopartículas de Au variaram com a proporção de sal metálico e extrato no meio de reação. As nanopartículas de Au estavam ligadas a grupos de aminas e as nanopartículas de Ag a grupos de iões carboxilato. O objetivo do presente estudo foi investigar a S. nigrum como inibidor da corrosão do aço-carbono em águas subterrâneas recolhidas no Holy Cross College (Tiruchirappalli, Tamil Nadu, Índia) e como redutor para a síntese de GNPs. O leafextract foi investigado pelo método de perda de peso e pela técnica de polarização dinâmico-potencial em aço-carbono. A análise da superfície e da película protetora foi efectuada utilizando a microscopia eletrónica de varrimento (SEM). As GNP foram caracterizadas utilizando SEM com espetroscopia de raios X por dispersão de energia, difração de raios X em pó e análise do potencial zeta. O tamanho médio, a forma geométrica e o potencial zeta foram discutidos. Pragati Jamdagni et al O presente estudo apresenta uma abordagem ecológica para a síntese de nanopartículas de óxido de zinco utilizando o extrato aquoso da flor de Nyctanthes arbor-tristis.

O extrato de flor foi utilizado como agente de redução biológica para sintetizar nanopartículas de óxido de zinco a partir de acetato de zinco di-hidratado. As condições de síntese foram optimizadas para a síntese de nanopartículas de óxido de zinco de tamanho máximo e estreito. O nanopó resultante foi caracterizado utilizando várias técnicas analíticas, como a espetroscopia UV-Visível, a espetroscopia de infravermelhos com transformada de Fourier, a difração de raios X, a dispersão dinâmica da luz e a microscopia eletrónica de transmissão. O nanopó foi armazenado na forma seca e verificou-se que era estável após 4 meses. A gama de tamanhos das nanopartículas obtidas após a síntese em condições óptimas foi de 12-32 nm, conforme indicado por TEM. Os estudos de difração de raios X confirmaram a natureza cristalina das nanopartículas, indicando um tamanho de partícula dentro do intervalo fornecido pelos dados de microscopia eletrónica. As nanopartículas foram testadas quanto ao seu potencial antifúngico e verificou-se que eram activas contra os cinco fitopatógenos testados com o valor mais baixo de CIM registado como 16 lg/mL.

CAPÍTULO 17

NANOPARTÍCULAS DE ZINCO A PARTIR DO EXTRACTO DE *ACALYPHA INDICALEAF*

Acalypha Indica. É chamada "Kuppaimeni" em Tamil porque é uma planta que cresce em todo o lado como uma erva daninha e não necessita de qualquer manutenção. O nome botânico de Kuppaimeni é *Acalypha indica e* chama-se "Indian Nettle" em inglês. No início das primeiras chuvas, encontrará plantas *de Acalypha indica* a crescer por todo o lado. Como aqui chove continuamente, toda a quinta está cheia de plantas *de Acalypha indica.* As folhas de *Acalypha indica* têm benefícios fantásticos para a saúde e a pele e são utilizadas para tratar constipações, todas as doenças relacionadas com a pele e até para a remoção de pêlos indesejados. Penso que, atualmente, podemos encontrar pó *de folhas de Acalypha indica* nos mercados. Discutimos a síntese e a caraterização de nanopartículas de zinco através do método de síntese verde. Foi feita uma tentativa de preparar nanopartículas de zinco utilizando uma planta medicinal, *a Acalypha indica.* O acetato *de zinco* foi utilizado para sintetizar as nanopartículas de zinco utilizando o extrato de folhas de Acalypha Indica. A caraterização ótica foi efectuada utilizando XRD e SEM.

EXPERIMENTAL

Materiais

O acetato de zinco di-hidratado e o NaOH foram adquiridos à SD fine chemicals. *As folhas de Acalypha indicaleaf* foram colhidas no Jardim Botânico.

Preparação do extrato de folhas

As folhas de Acalypha indicaleaf foram recolhidas e utilizadas para preparar o extrato aquoso. Folhas pesando 30gm foram cuidadosamente lavadas em água destilada, secas, cortadas em pedaços finos e comprimidas em 100ml de água destilada e fervidas a 60°C - 70°C durante cerca de 15mins. Em seguida, os extractos brutos resultantes foram filtrados através de papel de filtro.

Síntese de nanopartículas de zinco

Neste método, dissolveu-se 0,25 g de acetato de zinco desidratado em 40 ml de água. *Foram* tratados gota a gota 5 ml do extrato de *Acalypha indica* e a mistura resultante foi agitada durante 15 minutos com um agitador magnético. A fim de alterar o pH da solução para pH 12, foi administrado NaOH (2 M), gota a gota, enquanto se agitava. Obteve-se um precipitado branco cristalino, que foi lavado repetidamente com água, filtrado e seco numa estufa a 60°C para obter as nanopartículas de Zn

RESULTADOS E DISCUSSÃO

As nanopartículas de zinco são utilizadas na indústria de tintas e na indústria cerâmica. A Figura 1 mostra o espetro FTIR das nanopartículas de Zn sintetizadas pelo método de solgel, que foi adquirido na gama de 400-4000 cm-1 . Os picos na gama de 1450-1500cm-1 correspondem às ligações C=O. A banda adsorvida a 1563 cm^{-1} é atribuída a vibrações de flexão O-H.

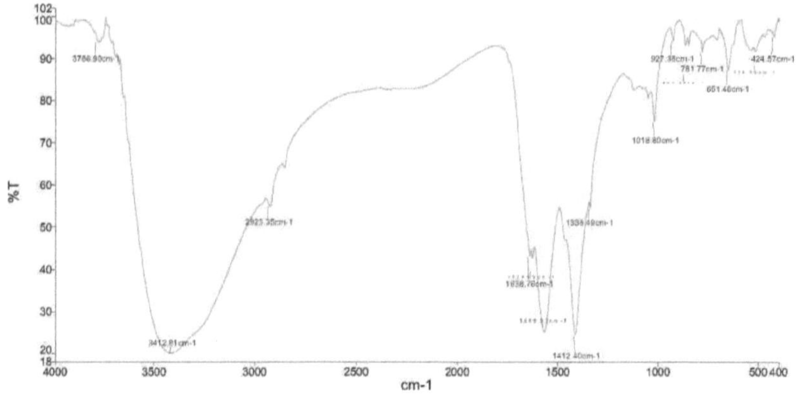

Fig.1 Espectro FTIR da nanopartícula

O pico a 1412cm^{-1} corresponde a C=O e O espetro FTIR das nanopartículas de zinco em ambos os casos de *Acalypha indicaratios* mostrou que a banda entre 3440-3500 cm-1 corresponde ao estiramento O-H.

Análise dos espectros UV-Visível

As nanopartículas de Zn preparadas com o extrato obtido da folha de *Acalypha indica* são submetidas a espetroscopia UV-Vis. A figura n.º 2 mostra a fotografia dos espectros UV-Vis das nanopartículas de Zn preparadas a partir dos extractos de Acalypha indica. Os picos de absorção são obtidos no comprimento de onda 286,5nm.

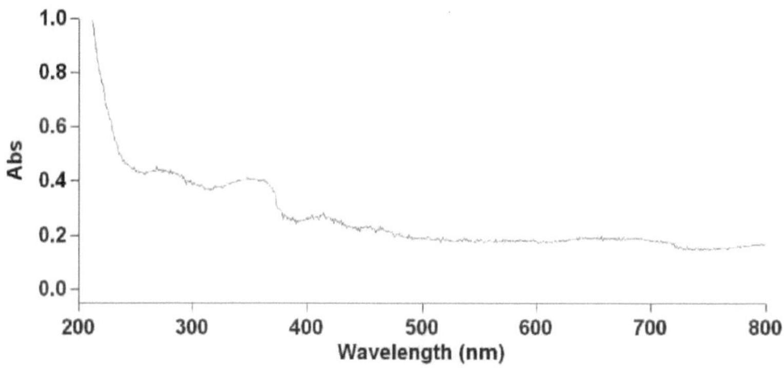

Figura. 2 Espectro de UV da nanopartícula de zinco

A amostra seca em pó foi utilizada para efetuar XRD para confirmar o tamanho das nanopartículas de ZnO. O gráfico (Fig.1.) mostrou picos principais correspondentes a *26* valores de 34,88°, 38,70°, 44,97°, 56,99°, 69,43° e 77,39°. Este resultado é quase semelhante aos resultados já relatados em extractos de folhas de *O. europa*, nos quais foram obtidos *26* valores a 31,84°, 34,50°, 36,32°, 47,59°, 56,63°, 66,89°, 67,98°, 69,09° e 76,98.(Figura 4)

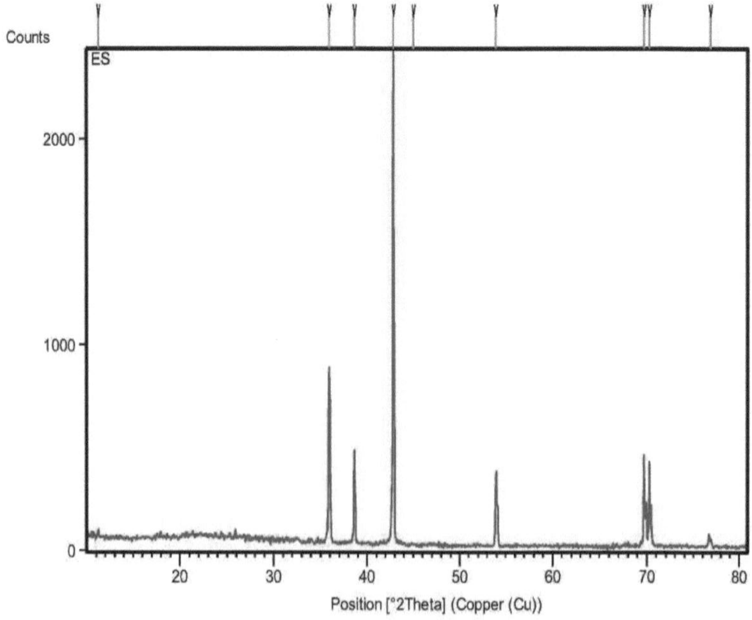

Figura 3 Espectro de XRD da nanopartícula de zinco

Análise SEM (INSTRUMENTO)

A análise por microscopia eletrónica de varrimento (SEM) foi efectuada utilizando a máquina NAME. Foi preparada uma película fina de amostra de nanopartículas em pó sobre uma fita revestida de carbono, aderindo uma pequena quantidade de pó fino seco da amostra à grelha, tendo o excesso de amostra sido removido com a ajuda de papel absorvente. Deixou-se secar a película sobre a grelha SEM, colocando-a sob uma lâmpada de mercúrio durante 5 minutos. A análise SEM foi utilizada para determinar a estrutura da superfície das NPs de ZnO sintetizadas biogenicamente.

RESULTADOS E DISCUSSÃO

Análise SEM

O SEM foi empregue para analisar a estrutura das nanopartículas que se formaram. A imagem SEM mostrou nanopartículas individuais de ZnO, bem como vários agregados. A imagem SEM na Fig. mostra que se trata de nanopartículas de forma esférica. Este resultado de SEM coincide com os resultados já relatados, que mostram a formação de nanopartículas de forma esférica e moléculas agregadas no extrato de folhas.

Figura.4 Imagem SEM da nanopartícula de zinco

REFERÊNCIA

Govindarajan, M., Jabanesan, A., Reetha, D., Amseth, R., Pushpanantha, T., Samidurai,

K. 2008. Atividade antimicrobiana de *Acalypha indicaL*. Eur. Rev. Med. Pharmacol. Sci., 12(5): 299 302.

Krishnaraj, C., Gagan, E., Selvakumar, S.,Kalaichelvan, P.T., Mohan, N. 2010.Síntese de nanopartículas de prata utilizando extractos de *Acalypha indicaleaf* e a sua atividade antibacteriana contra agentes patogénicos de origem hídrica. Colloids Surfaces B,76(1): 50 56.

Somchit, M.N., Abdul Rashid, R., Abdullah, A., Zuarini, A., Zakaria, Z.A., Sulaiman, M.R., Arifah, A.K., Mutalib, A.R. 2010. Atividade antimicrobiana in vitro das folhas de *Acalypha indicaLinn* (Euphorbiaceae).Afr. J. Microbiol. Res., 4(20): 21332136.

P. K. Warrier, Arya Vaidya Sala Kottakkal Indian medicinal plants: a compendium of 500 species, Volume 4 Orient Longman Hyderabad 2005 pg 36.

H. Panda Herbal Soaps & Detergents Hand Book National Institute of Industrial Research Delhi 2003 pg. 48 - 49

Gabriëlla Harriet Schmelzer, Ameenah Gurib-Fakim, Plant Resources of Tropical Africa (Program) Medicinal plants Backhuys Publishers, Wageningen 2008 pg. 23-25

Iiremath SP, Rudresh K, Badami S, Patil SB, Patil SR. Atividade antifertilidade pós-coital de *Acalypha indicaL*. J Ethnopharmacol. 1999 Nov 30;67(3):253-8.

Reddy JS, Rao PR, Reddy MS. Efeitos cicatrizantes de Heliotropium indicum, Plumbago zeylanicum e *Acalypha indica em* ratos. J Ethnopharmacol. 2002 Feb;79(2):249-51.

Shirwaikar A, Rajendran K, Bodla R, Kumar CD. Potencial de neutralização do veneno de Viper russelli russelli (víbora de Russell) pelo extrato de etanol de folhas de Acalypha indica. J Ethnopharmacol. 2004 Oct;94(2-3):267-73.

Govindarajan M, Jebanesan A, Reetha D, Amsath R, Pushpanathan T, Samidurai K. Atividade antibacteriana de *Acalypha indicaL*. Eur Rev Med Pharmacol Sci. 2008 Set-Out;12(5):299-302.

C. P. Khare Indian herbal remedies: rational Western therapy, ayurvedic, and other traditional usage, Botany Springer-Verlag Berlin Heidelberg 2004 pg. 12.

Lamabadusuriya SP, Jayantha UK. Hemólise *induzida por Acalypha indicain* na deficiência de G6PD. Ceylon Med J. 1994 Mar;39(1):46-7.

C. Chitravadivu, S. Manian e K. Kalaichelvi, Análise Qualitativa de Plantas Medicinais Selecionadas, Tamilnadu, Índia, Middle-East Journal of Scientific Research 4 (3): 144-146, 2009

M Aminuar Rahman, Sitesh C Bachar e Mohammed Rahmatullah, Analgesic and Anti-inflammatory activity of methanolic extract of Acalypha indicaLinn, Pak. J. Pharm. Sci., Vol.23, No.3, julho de 2010, 256-258

B.Chengaiah, K.Mahesh Kumar, M. Alagusundaram, C. Sasikala, C. Madhusudhan Chetty, atividade anti-helmíntica in vitro da raiz de *Acalypha indicaLinn*, Jornal Internacional de Investigação Farmacêutica, Vol.1, No.4, pp 1499-1502, Out-Dez 2009.

Lakshmi, S, Antibacterial potential of *Acalypha indicaagainst* human pathogens, International Journal of Current Research, Vol. 1, pp. 001-004, janeiro, 2010.

M. Afifi, O.A. Almaghrabi, N.M. Kadasa, Efeito benéfico das nanopartículas de óxido de zinco sobre os antioxidantes e as caraterísticas dos espermatozóides nos testículos de ratos diabéticos induzidos por estreptozotocina, Biomed Res. Int. 2015 (2015)

J. Chen, X. Liu, C. Wang, S.S. Yin, X.L. Li, W.J. Hu, et al., Nitric oxide ameliorates zinc oxide nanoparticles-induced phytotoxicity in rice seedlings, J. Hazard. Mater. 297 (2015) 173-182,

M.L. Vitosh, D.D. Warncke, R.E. Lucas, Secondary and micronutrients of vegetables and field crops Secondary and Micronutrients, 1994.

R. Chandrasekaran, S. Gnanasekar, P. Seetharaman, R. Keppanan, W. Arockiaswamy, S. Sivaperumal, Formulação de nanopartículas de prata funcionalizadas com látex de Carica papaya para melhorar as suas aplicações antibacterianas e anticancerígenas, J. Mol. Liq. 219 (2016) 232-238.

P. Dhandapani, A.S. Siddarth, S. Kamalasekaran, S. Maruthamuthu, G. Rajagopal, Abordagem biológica: síntese de nanocristais de ZnO em tecido de algodão mediada por bactérias ureolíticas e avaliação das suas propriedades antibacterianas, Carbohydr. Polym. 103 (2014) 448-455..

S. Mitra, P. Patra, S. Pradhan, N. Debnath, K.K. Dey, S. Sarkar, et al.,Síntese por micro-ondas de ZnO@mSiO2 para estudo detalhado do modo de ação antifúngico: compreensão dos conhecimentos sobre o stress oxidativo, J. Colloid Interface Sci. 444 (2015) 97-108, doi:10.1016/j.jcis.2014.12.041.

R. Yuvakkumar, J. Suresh, B. Saravanakumar, A. Joseph Nathanael, S.I.Hong, V. Rajendran, As cascas de rambutan promoveram a síntese biomimética de nanochains de óxido de zinco de inspiração biológica para aplicações biomédicas, Spectrochim. Ata A Mol. Biomol. Spectrosc. 137 (2015) 250-258,

M. Darroudi, M.B. Ahmad, A.H. Abdullah, N.A. Ibrahim, K. Shameli, Int. J. Mol. Sci. 11 (2010) 3898-3905.

D.A. Schultz, Curr. Opin. Biotechnol. 14 (2003) 13-22.

W.J. Parak, D. Gerion, T. Pellegrino, D. Zanchet, C. Micheel, S.C. Williams, R. Boudreau, M.A. Le Gros, C.A. Larabell, A.P. Alivisatos, Nanotechnology 14 (2003) 15-27.

J.M. Nam, C.S. Thaxton, C.A. Mirkin, Science 301 (2003) 1884-1886.

Y. Shiraishi, N. Toshima, Colloids Surf. A 169 (2000) 59-66.

W.P. Wijnhoven, W. Peijnenburg, C.A. Herberts, W.I. Hagens, A.G. Oomen, E.H.W. Heugens, B. Roszek, J. Bisschops, I. Gosens, D.V.D. Meent, S. Dekkers, W.H.D. Jong, M.V. Zijverden, A.J.A.M. Sips, R.E. Geertsma, Nanotoxicology 3 (2009) 109-138.

K. Shameli, M.B. Ahmad, W.Z.W. Yunus, N.A. Ibrahim, M. Darroudi, Int. J.

Nanomed. 5 (2010) 743-751.

Ahmed, S., & Ikram, S. (2015). Chitosan e seus derivados: uma revisão em inovações recentes. Jornal Internacional de Ciências Farmacêuticas e Pesquisa, 6(1), 14-30.

Bindhu, M. R., & Umadevi, M. (2015). Atividades antibacterianas e catalíticas de nanopartículas de prata sintetizadas verdes.Spectrochimica Ata Parte A: Molecular e Biomolecular

Spectroscopy, 135, 373-378.

Thuesombat, P., Hannongbua, S., Akasit, S., & Chadchawan, S. (2014). Ecotoxicologia e efeito de segurança ambiental de nanopartículas de prata na germinação de sementes de arroz (Oryza sativa L. cv. KDML 105) e crescimento de mudas. Ecotoxicologia e Segurança Ambiental, 104, 302-309.

Ali, A.M., Mackeen, M.M., El-Sharkawy, S.H., Hamid, J., Ismail, H., Ahmad, F.B.H. & Lajis, N.H., 1996. Actividades antivirais e citotóxicas de algumas plantas utilizadas na medicina indígena da Malásia. Pertanika Journal of Tropical AgriculturalScience19 (2-3): 129-136.

Gurib-Fakim, A., Sewraj, M., Gueho, J. & Dulloo, E., 1993. Etnobotânica médica de algumas ervas daninhas da Maurícia e Rodrigues. Journal of Ethnopharmacology39 (3): 177-185.

Hiremath, S.P., Shrishailappa, B., Swamy, H.K.S., Biradar, J.S. & Badami, S., 1993. Atividade antimicrobiana de vários extractos de *Acalypha indica*(Euphorbiaceae). Indian Journal ofMicrobiology 33(1):75-77.

Lamabadusuriya, S.P. & Jayantha, U.K., 1994. Hemólise *induzida por Acalypha indicain* na deficiência de G6PD. Ceylon Medical Journal 39(1): 46-47. Prema, P., 2004. Atividade antimicrobiana de plantas medicinais selecionadas. Jornal de Ecobiologia16 (5): 333-337.

Reddy, J.S., Rao, P.R. &, Reddy, M.S., 2002. Efeitos cicatrizantes de Heliotropium indicum, Plumbago zeylanica e *Acalypha indica em* ratos. Journal ofEthnopharmacology79 (2): 249-251.

Samy, R.P., Ignacimuthu, S. & Raja, D.P., 1999. Rastreio preliminar de plantas etnomedicinais da Índia. Journal of Ethnopharmacology 66(2): 235240.

Singh, D.A.P., Raman, M., Saradha, V., Jayabharathi, P. & Kumar, V.R.S., 2004. Propriedade acaricida de kuppaimeni (Acalypha indica) contra a infestação natural de Psoroptes cuniculi em coelhos de carne. Indian Journal of Animal Sciences 74(10): 1003-1006.

Solomon, D.J., Kallidass, S. & Vimalan, J., 2005. Isolamento, identificação e estudo da propriedade antimicrobiana de um composto bioativo de uma planta medicinal indiana *Acalypha indica* (urtiga indiana). Jornal Mundial de Microbiologia e Biotecnologia21 (6-7): 1231-1236.

Talapatra, B., Goswami, S. & Talapatra, S.K., 1981. Acalyphamide, uma nova amida e outros constituintes químicos de Acalypha indica. Indian Journal of Chemistry, secção B Organic Chemistry including Medicinal Chemistry 20(11): 974-977.

Zaika LL. Especiarias e ervas aromáticas: a sua atividade antimicrobiana e a sua determinação. J Food Safety 1975; 9: 97-118.

Burkill, H.M., 1994. As plantas úteis da África Tropical Ocidental. 2ª Edição. Volume 2, Famílias E-I. Royal Botanic Gardens, Kew, Richmond, Reino Unido. 636.

Gopalakrishnan, V., Rao, K.N.V., Loganathan, V., Shanmuganathan, S., Bollu, V.K. & Sharma, T.B., 2000. Atividade antimicrobiana de extractos de *Acalypha indicaL.* Indian Journal of PharmaceuticalSciences62(5):347-350. Hiremath, S.P., Rudresh, K., Badami, S., Patil, S.B. & Patil, S.R., 1999. *Atividade* antifertilidade pós-coital de *Acalypha indicaL.* Journal of Ethnopharmacology 67(3): 253-258.

Lavergne, R. & Vera, R., 1989. Medecine traditionelle et pharmacopee - Contribution aux etudes ethnobotaniques et floristiques a la Reunion. Agence de CooperationCulturelleetTechnique ,Paris,França.236.

Masih, S.E. & Singh, B.G., 2005. Estudos das propriedades fungistáticas do extrato de folhas de algumas plantas contra dermatófitos. Avanços em Ciências Vegetais 18(1): 435-438.

Nahrstedt, A., Hungeling, M. & Petereit, F., 2006. Flavonóides de Acalypha indica.

Fitoterapia77(6):484-486.

Neuwinger, H.D., 2000. Medicina tradicional africana: um dicionário de uso e aplicações de plantas. Medpharm Scientific, Estugarda, Alemanha. 589 pp. Shirwaikar, A., Rajendran, K., Bodla, R. & Kumar, C.D., 2004. Potencial de neutralização do veneno de Viper russelli russelli (víbora de russell) pelo extrato de folha de etanol de Acalypha indica. JournalofEthnopharmacology94(2-3):267-273.

Siregar, A.H., 2001. Acalypha L. In: van Valkenburg, J.L.C.H. & Bunyapraphatsara, N. (Editores). Plant Resources of South-East Asia No 12(2): Medicinal and poisonous plants 2. Backhuys Publishers, Leiden, Países Baixos. pp. 31-36.

Pragati Jamdagni *, Poonam Khatri, J.S. Rana Síntese ecológica de nanopartículas de óxido de zinco utilizando o extrato de flor de Nyctanthes arbor-tristis e a sua atividade antifúngica2016),

S. vidhya* and dr. a. leema rose evaluation of solanum nigrum leaf extract as a corrosion inhibitor and reductant for the green synthesis of gold nanoparticles2014, international journal of research and development in pharmacy and life sciences vol. 3, no.3, pp 1011-1021

Govindachar T R, J. Indian Chemical Society 1981, 58, 108 Mahato S B, Ganguly A N e Sahu N P. Phyto-chemistry1982, 21: 959

Govindarajan M, Jebanesan A, Puspanathan T, Samidu-rai K, Estudos sobre o efeito dos extractos de folhas de *Acalypha indica* (L.) no vetor da malária, Anopheles stephensi, (2011) Parasitology research vol-1

Govindarajan M, Jebanesan A, Reetha D, Amsath R, Puspanathan T, Samidurai K. Atividade antibacteriana da *Acalypha indicaL.* Revisão Europeia de Ciências Médicas e Farmacológicas. 2008; 12: 299- 302.

Kurtoglu M. E.; Longenbach T.; Reddington P.; Gogotsi Y. (2011). "Efeito da temperatura de calcinação e do ambiente nas propriedades fotocatalíticas e mecânicas de filmes ultrafinos de dióxido de titânio Sol-Gel". Jornal da Sociedade Americana de Cerâmica. **94** (4): 1101-1108

Lao CS, Park MC, Kuang Q, et al. Aumento gigante na resposta UV de nanobelts de ZnO por funcionalização da superfície do polímero. J Am Chem Soc. 2007;129:12096-7.

Yakimova R, Selegard L, Khranovskyy V, et al. Materiais de ZnO e adaptação de superfícies para biossensores. Front Biosci (Elite Ed) 2012;4:254-78.

Yang Y, Guo W, Zhang Y, et al. Efeito piezotrónico na tensão de saída das células solares de heterojunção P3HT/ZnO micro/nanowire. Nano Lett. 2011;11:4812-7.

Ozgur U, Alivov YI, Liu C, et al. A comprehensive review of ZnO materials and devices. J Appl Phys. 2005;98:041301-103.

Liu D, Wu W, Qiu Y, et al. Funcionalização da superfície de nanotetrápodes de ZnO com monóculos orgânicos fotoactivos e electroactivos. Langmuir. 2008;24:5052-9.

Taratula O, Galoppini E, Wang D, et al. Estudos de ligação de ligantes moleculares a películas de ZnO e MgZnO nanotip. J Phys Chem B. 2006;110:6506- 15

Zhou J, Xu NS, Wang ZL. Dissolving Behavior and Stability of ZnO in Bio fluids (Comportamento de Dissolução e Estabilidade de ZnO em Biofluidos): Um Estudo sobre Biodegradabilidade e Biocompatibilidade de Nanoestruturas de ZnO. Adv Mater. 2006;18:2432-5

Huang X, Lee S, Chen X. Conceção de sondas "inteligentes" para imagiologia ótica da apoptose. Am J Nucl Med Mol Imaging. 2011;1:3-17.

Cai W, Zhang Y, Kamp TJ. Imagiologia de células estaminais pluripotentes induzidas: da reprogramação celular ao transplante. Am J Nucl Med Mol Imaging. 2011;1:18-28. [

Thorek DLJ, Robertson R, Bacchus WA, et al. Cerenkov imaging - a new modality for molecular imaging. Am J Nucl Med Mol Imaging. 2012;2:163- 73. [

Wang RE, Niu Y, Wu H, Amin MN, Cai J. Desenvolvimento de agentes baseados em péptidos NGR para imagiologia de tumores. Am J Nucl Med Mol Imaging. 2011;1:36- 46.

Heo YW, Norton DP, Pearton SJ. Origin of green luminescence in ZnO thin film grown by molecular-beam epitaxy. J Appl Phys. 2005;98:073502-6.

Vanheusden K, Warren WL, Seager CH, et al. Mechanisms behind green photoluminescence in ZnO phosphor powders. J Appl Phys. 1996;79:7983- 90.

Zvyagin AV, Zhao X, Gierden A, et al. Imagiologia da penetração de nanopartículas de óxido de zinco na pele humana in vitro e in vivo. J Biomed Opt. 2008;13:064031.

Abdulsattar, M. **(2015).** Nanotubos de ZnO com tampa (3,0) como blocos de construção de nanocristais de ZnO de wurtzita nua e passivada por H. Superlattices and Microstructures, 85, pp.813-819.

*Dal Corso, Andrea; Posternak, Michel; Resta, Raffaele; Baldereschi, Alfonso **(1994).** "Estudo ab initio de piezoeletricidade e polarização espontânea em ZnO". Physical Review B. 50 (15): 10715-10721.*
Bibcode:1994PhRvB..5010715D. doi:10.1103/PhysRevB.50.10715.

*Look, D.C.; Hemsky, J.W.; Sizelove, J.R. **(1999).** "Residual Native Shallow doador em ZnO". Physical Review Letters. 82 (12): 2552-2555.*
Bibcode:1999PhRvL..82.2552L. doi:10.1103/PhysRevLett.82.2552.

*Janotti, A. & Van De Walle, C.G. **(2007).** "Ligações multicêntricas de hidrogénio".*

Nature Materials. 6 (1): 44-7. Bibcode:2007NatMa...6...44J. doi:10.1038/nmat1795. PMID *17143265.*

Kato, H; Sano, Michihiro; Miyamoto, Kazuhiro; Yao, Takafumi ***(2002).*** *"Crescimento e caraterização de camadas de ZnO dopadas com Ga- em substratos de safira a-plano crescidos por epitaxia de feixe molecular". Journal of Crystal Growth. 237239: 538-543.* Bibcode:2002JCrGr.237..538K. doi:10.1016/S0022-0248(01)01972-8.

Ohgaki, Takeshi; Ohashi, Naoki; Sugimura, Shigeaki; Ryoken, Haruki; Sakaguchi, Isao; Adachi, Yutaka; Haneda, Hajime ***(2008).*** *"Coeficientes Hall positivos obtidos a partir de deslocação de contacto em filmes e cristais de ZnO do tipo n evidente". Journal of Materials Research. 23 (9): 2293-2295.* Bibcode:2008JMatR..23.2293O. doi:10.1557/JMR.2008.0300.

Wagner, P; Helbig, R. ***(1974).*** *"Halleffekt und anisotropie der beweglichkeit der elektronen in ZnO". Jornal de Física e Química dos Sólidos. 35 (3): 327335.* Bibcode:1974JPCS...35..327W. doi:10.1016/S0022-3697(74)80026-0.

Dizaj S M, Lotfipour F, Barzegar-Jalali M, Mohammad H Z e Khosro A **2014** Atividade antimicrobiana dos metais e nanopartículas de óxidos metálicos Ciência e Engenharia dos Materiais C 44 pp 278-284.

Malarkodi C, Rajeshkumar S, Paulkumar K, Vanaja M, Gnanajobitha G e Annadurai G **2014** Biossíntese e atividade antimicrobiana de semicondutores Nanopartículas contra agentes patogénicos orais Bioinorg. Chem. Appl. pp 1-10

J. W. Rhim, e p. k. w. NG. Filmes nanocompósitos à base de biopolímeros naturais para aplicações em embalagens. critical reviews in food sci. nutr. **2007,** 47(4): 411433.

D. S . Cha, e M. S. Chinnan. biopolymer-based antimicrobial packaging: a review. critical reviews in food sci. nutr. 2004, 44, 223-237.

N. Cioffi, l. torsi, n. ditaranto, g.tantillo, l. ghibelli, and l. sabbatini. copper nanoparticle/polymer composites with antifungal and bacteriostatic properties. chem mater. **2005**, 17, 5255-5262.

l. huang, d. q. li, y. j. lin, m. wei, d.g. evans e x.duan. preparação controlável de nanomgo e investigação das suas propriedades bactericidas. j inorg biochem. **2005**, 99, 986-993.

o. yammamoto. influência do tamanho das partículas na atividade antibacteriana do óxido de zinco. int j inorg mater. **2001**, 3, 643-646.

s. chandramouleeswaran, s.t.mhaske, a.a. kathe, p.v.varadarajan v.prasad e n.vigneshwaran. functional behaviour of polypropylene/zno-soluble starch nanocomposites. nanotechnol. **2007**, 18, 8.

neeraj, vinita bisht e vishal johar, bael (aegle marmelos) espécies extraordinárias da índia: uma revisão revista interal journal of current microbiol appiled science vol 6 no: 3 (2017) pp.1870-1887

k.i. bogutska, yu.p. sklyarov, yu.i. prylutskyy "ukrainica, zinco e nanopartículas de zinco: papel biológico e aplicação em biomedicina bioorganica ata (2013) 9-16".

S. Devasenan n. hajara beevi s.s. jayanthi, síntese verde e caraterização de nanopartículas de zinco utilizando extrato de folhas de andrographis paniculata, 2016 revista internacional de revisão e investigação em ciências farmacêuticas 39(1):243-247

AK. mittal, Y chisti, UC. banerjee síntese de nanopartículas metálicas utilizando extractos de plantas avanços biotecnológicos , 2013, 31 (2), 346-356.

Qin xiaoyun,sen liu,xuping sun economic, green synthesis of fluorescent carbon nanoparticles and their use as probes for sensitive and selective detection of mercury(ii) ions , 2012 analytical chemistry 84(12):5351-7.

Elizabeth varghese1 and mary george green synthesis of zinc oxide nanoparticles international journal of advance research in science and engineering vol. no.4, 2015.

Snehal yedurkar, chandra maurya, prakash mahanwarbiosíntese de nanopartículas de óxido de zinco utilizando extrato de folhas de ixora coccinea - uma abordagem ecológica, 2016, revista aberta de teoria e aplicações de síntese, 5, 1-14 ,

Deepak Kumar Gupta et al síntese verde de nanopartículas de óxido de zinco utilizando extrato de tomate *(lycopersicon esculentum)* e a sua aplicação fotovoltaica journal of experimental nanoscience,2016, 11.

Happyagarwals.Venkat kumars.Rajeshkumaa, Revisão sobre a síntese verde de nanopartículas de óxido de zinco - uma abordagem ecológica, tecnologias, volume, dezembro de 2017, páginas 406-413.

calotropis gigantea vidya ca , shilpa hirematha* ,m n chandraprabhab , m a lourdu antonyraja , indu venu gopala , aayushi jaina e kokil bansa, dharwad artigo de investigação síntese verde de nanopartículas de zno por l international journal of current engineering and technology issn 2277 - 4106,2013

Niranjan bala,[a] s. saha,[a] m. chakraborty,[a] m. maiti,[a] s. das,*[a] r. basub síntese verde de nanopartículas de óxido de zinco utilizando extrato de folhas de *hibiscus subdariffa*: efeito da temperatura na síntese, na atividade antibacteriana e na atividade antidiabética rsc advances,) número 7, 2015

Ramesh m, anbuvannan m[2] , viruthagiri g.green synthesis of zno nanoparticles using solanum nigrum leaf extract and their antibacterial activity. spectrochim ata a mol biomol spectrosc2015 fev 5;136,:864-70.

Kavita vishwakarma síntese verde de nanopartículas de zno utilizando extrato de sementes de abrus precatorius e sua caraterização, tese, 5012, 05 ,2013.

Shabnam s shaikh1, meenu s saraf e yadavendra agrawal, Green synthesis, characterization of metal antibacterial nanoparticles and removal of fluoride from waste water2017 adv biotech & micro 2(3), p-1-7.

MIX
Papier aus verantwortungsvollen Quellen
Paper from responsible sources
FSC® C105338

Printed by Books on Demand GmbH, Norderstedt / Germany